Controles PLC con Texto Estructurado (ST)

PREFACIO

Cuando empecé como Profesor Asistente (docente) en la Academia Dania, en Randers, Dinamarca, una de mis primeras tareas, fue encontrar libros que fueran adecuados para el título de técnico superior en automatización y robótica industrial. Buscando material relacionado con la programación en Texto Estructurado (ST), pronto pude constatar que no existen libros relevantes. Existen libros de 300 páginas, que contienen solamente algunas páginas dirigidas al lenguaje ST, y solo a nivel teórico.
Mis estudiantes demandan constantemente ejemplos, guías y métodos para programación ST. Como consecuencia, en enero 2017, empecé a escribir cierto material didáctico:

"Comenzar con Texto Estructurado"

Desde entonces, utilizo a diario dicho material con mis alumnos, lo que me permite someterlo a una revisión y actualización continua, al tiempo que nuevos casos y materiales son continuamente añadidos. Este material ha sido altamente demandado entre mis estudiantes, lo que me empujó a plasmar todo este conocimiento en el libro que has adquirido. La lectura y estudio de la información proporcionada en este libro, ayudará a cualquier persona interesada en adquirir conocimientos en esta materia.

Espero que disfrutes de este libro y satisfaga tus expectativas.

Me gustaría agradecer a mis estudiantes, maestros y colegas por los consejos, la ayuda, y la inspiración a la hora de escribir.

Comentarios, quejas, cumplimientos y sugerencias en cuanto a mejoras, serán bien recibidos.
Por favor, enviar a TomMejerAntonsen@gmail.com

Primera edición publicada en Junio 2018
Quisiera agradecer en especial, a José A. Gil por su contribución a la hora de revisar la traducción de esta versión, y mejorarla para una mejor comprensión.

Tom Mejer Antonsen
Dinamarca, Randers, noviembre 2020

Tom Mejer Antonsen

Controles PLC con Texto Estructurado (ST)

IEC 61131-3 y método óptimo de programación ST

Controles PLC con Texto Estructurado (ST)

© 2019 - 2020 Tom Mejer Antonsen

2ª Edición, noviembre 2020

Todos los derechos reservados. Ninguna parte de esta publicación puede ser reproducida, compartida o transmitida, de ninguna forma o por ningún medio, electrónico, mecánico, fotocopiado, grabado, o de otra manera, sin el permiso previo del editor.

Ilustraciones y gráficas: **Tom Mejer Antonsen**

Traducido por: **José Antonio Gil Linares Ph.D.**

La versión original (idoma danés) 1ª Edición publicada en marzo de 2018

Editor: Books on Demand GmbH, Copenhagen, Denmark
Impreso: Books on Demand GmbH, Norderstedt, Germany

ISBN: 978-87-4300-995-5, Paperback

Tabla de contenido

1 INTRODUCCIÓN 5
    1.1 ANTECEDENTES DEL LENGUAJE ST 6
    1.2 CALIFICACIONES PARA APRENDER EL LENGUAJE ST 6
    1.3 FUNDAMENTO DEL CONOCIMIENTO 7
    1.4 VENTAJAS DE LA PROGRAMACIÓN EN LENGUAJE ST 7
    1.5 DESVENTAJAS DE LA PROGRAMACIÓN EN LENGUAJE ST 9

3 COMENTARIOS EN EL CÓDIGO DE PROGRAMACIÓN 12

4 TIPOS DE DATOS 14
    4.1 TIPOS DE DATOS ELEMENTALES (INT, REAL, BOOL) 14
    4.2 INTRODUCCIÓN A DATOS DE TIPO DERIVADO 18
    4.3 TIPO DE DATOS ESTRUCTURADO, STRUCT 19
    4.4 TIPOS DE DATOS DE NUMERACIÓN, ENUM 21
    4.5 TIPO DE DATOS DE SUB-RANGO 22
    4.6 STOCK DE VALORES CON EL MISMO TIPO DE DATOS, ARRAY 23

5 ÁMBITO Y ALCANCE DE LAS VARIABLES 26
    5.1 EJEMPLO: VARIABLES, ÁMBITO Y MÓDULOS-IO 28

6 COMO NOMBRAR LAS VARIABLES 29
    6.1 VARIABLES CON UNIDAD 34
    6.2 VARIABLES CON VALOR FIJO (CONSTANT) 36

7 MATEMATICAS Y LÓGICA 37
    7.1 OPERADORES ARITMÉTICOS (+, -, *, /) 37
    7.2 OPERADORES DE RELACIÓN (=, <, <=, >, >=, <>) 39
    7.3 OPERADORES NUMÉRICOS (FUNCIONES MATEMÁTICAS) 40
    7.4 OPERADORES LÓGICOS (AND, OR, XOR, NOT) 42
    7.5 LÓGICA, FÓRMULAS MATEMÁTICAS Y PARÉNTESIS ( ) 43

8   TRABAJANDO EN LA ASIGNACIÓN DE VARIABLES 44
    8.1   DESAFÍO EN LOS CÁLCULOS MATEMÁTICOS 45
    8.2   DIVIDIDO ENTRE CERO 46
    8.3   CÁLCULOS USANDO REAL E INT 47
    8.4   ERRORES DECIMALES DE REAL 48
    8.5   VARIABLES DE COMUNICACIÓN DE DATOS 49
    8.6   FUNCIONES DE CONVERSIÓN DE TIPOS DE DATOS....................................... 49
    8.7   ENCONTRAR VALORES BINARIOS EN UN ENTERO (MASKING BIT) 51
    8.8   CONVERTIR REAL EN 2 DECIMALES (REAL CON 2 DÍGITOS)......................... 52

9   DECLARACIÓN (SENTENCIA) CONDICIONAL 53
    9.1   IF-THEN-ELSE 53
        9.1.1   *EJEMPLO: IF-THEN-ELSE como enclavamiento del relé* 56
        9.1.2   *EJEMPLO: IF-THEN-ELSE válvula abierta y cerrada* 57
    9.2   CASE 58
        9.2.1   *EJEMPLO: CASE - Ajuste de la velocidad del motor* 59
        9.2.2   *EJEMPLO: CASE - Para ejecutar programas* 60
        9.2.3   *EJEMPLO: CASE - Reconociendo números* 61
    9.3   ESTADO DE ITERACIÓN, LOOPS 62
    9.4   SENTENCIA FOR-DO 62
        9.4.1   *EJEMPLO: FOR - LOOPS, loop 4 veces*...................................... 64
        9.4.2   *EJEMPLO: FOR - LOOP y 3D ARRAY* 65
        9.4.3   *EJEMPLO: Cálculo del valor promedio* 66

10   SPLIT-UP EN LOS MÓDULOS DEL PROGRAMA 68
    10.1   FUNCIONES.. 69
    10.2   FUNCIÓN (FC) Y FUNCIÓN DE BLOQUEO (FB) 72
    10.3   EJEMPLO: FC PARA CONVERSIÓN DE TEMPERATURA 75
    10.4   EJEMPLO: FC PARA CALCULAR EL PROMEDIO.. 76

11	**TRABAJANDO CON TEXTO Y CARACTERES, STRING**	**78**
	11.1 EJEMPLO: FC CON STRING	81
	11.2 FUNCIONES ESTÁNDAR, STRING	82
12	**FUNCIONES ESTÁNDAR INCORPORADAS**	**85**
	12.1 EJECUCIÓN DEL PROGRAMA UNA SOLA VEZ: FIRST SCANBIT	85
	12.2 DETECCIÓN DE BORDES (ONE SHOT): R_TRIG, F_TRIG	86
	12.3 FUNCIONES DE CONTEO: CTU, CTD, CTUD	88
	12.4 "LLAMADA" REPETIDO Y RETARDO DEL TEMPORIZADOR: TON, TOF	90
13	**FUNCIONES ESPECIALES Y ESTRUCTURAS**	**92**
	13.1 ESTRUCTURA DE FILA SIMPLE (QUEUE)	92
	13.2 FIFO - FIRST IN FIRST OUT	95
	13.3 GENERACIÓN DE NÚMEROS ALEATORIOS (RND, RANDOMIZE)	98
	13.4 FILTRO DIGITAL DE PASO-BAJO (LP-FILTER)	100
	13.5 SEÑALES DE SIMULACIÓN	102
	13.6 CÁLCULO DEL VOLUMEN DEL TANQUE, CILINDRO EN HEMISFERIO	105
14	**DE LADDER A PROGRAMACIÓN-ST**	**108**
15	**MÉTODO ÓPTIMO DE PROGRAMACIÓN-ST**	**113**
	15.1 INDENTACIÓN Y ESPACIO	113
	15.2 LÍNEAS VACÍAS INSERTADAS EN EL CÓDIGO	113
	15.3 EVITAR EL CÓDIGO SPAGUETTI	114
	15.4 USO DE FUNCIONES Y MÓDULOS DE PROGRAMA	114
	15.5 USO DE VARIABLES	115
	15.6 MISCELÁNEOS	115
	15.7 CÓDIGO COMPARTIDO CON INTERNET	116
	15.8 OOP - PROGRAMACIÓN ORIENTADA A OBJETOS	116
16	**GUÍA DE EJERCICIOS DE PROGRAMACIÓN**	**117**
17	**ÍNDICE**	**120**

1   Introducción

Este libro es una introducción al lenguaje de programación Estructurado de Texto (ST) (Structured Text, por sus siglas en inglés), el cuál se utiliza en los Controladores Lógicos Programables (PLC).

El contenido se puede utilizar para todo tipo de PLCs, incluyendo Lenguaje de Control Estructurado de Siemens (SCL) y Controladores de Automatización Programada (PAC).

Este libro ha sido concebido para ser utilizado en los 2 años completos de la educación como técnico superior en automatización y robótica industrial, así como en titulaciones y ciclos formativos similares.

En los PLC de Siemens, la programación se llama Lenguaje de Control Estructurado (SCL), el cual incluye algunas diferencias en relación al lenguaje ST.

Este libro describe sistemáticamente la programación básica, incluyendo consejos, recomendaciones y las experiencias propias del autor.

El libro también incluye muchas explicaciones aclaratorias para código PLC, enfocadas en el hecho de que el lector debe aprender como escribir un código sólido, robusto, legible, estructurado y claro. Además, el objetivo es que el lector sea capaz de escribir un código PLC, el cuál no requiera un tipo específico de PLC ni de código PLC, de modo que pueda ser reutilizado. También hay que subrayar que los ejemplos de programación mostrados en este libro, pueden ser utilizados en el mercado internacional para las soluciones de automatización.

Es recomendable leer el libro completo y usarlo como referencia.

Como nota aclaratoria, los ejemplos de código PLC descritos en este libro están exentos de cualquier tipo de garantía.

1.1 Antecedentes del lenguaje ST

El ST es un lenguaje de programación de alto nivel, similar a la Programación Pascal. La Programación Pascal fue extensamente utilizada en Dinamarca desde el año 1985 hasta aproximadamente el año 2000 - un período de tiempo en el cual varias compañías empezaron a desarrollar software para PC (*Personal Computer*), primero DOS, y más tarde Windows.

El lenguaje ST fue desarrollado y publicado en 1993 por la Comisión Internacional Electrotécnica (IEC), basándose en la norma *IEC 61131-3 International Standard*. El estándar consiste en 5 lenguajes de programación PLC, donde la Programación LADDER es la más conocida y utilizada.

La programación en lenguaje ST para los Controles de PLC ha sido publicada en varias ocasiones desde 2010; y desde 2015, varias compañías en Dinamarca han suministrado exclusivamente Controladores PLC, donde el lenguaje ST es usado como uno de los lenguajes de programación favoritos. Debido a esto, existe un número creciente de profesionales y que encuentran la necesidad de entender y usar el lenguaje ST, siendo este uno de los argumentos para la distribución de este libro.

1.2 Calificaciones para aprender el lenguaje ST

No es necesario que el lector conozca como programar en LADDER. No obstante, ciertos conocimientos de matemáticas, mecánica, electrónica, automatización y bases de PLC son necesarias, para ser capaces de aprender el lenguaje ST.

Estudiantes con conocimientos en lenguajes de programación avanzados (VB, NET, C, C#, Java), tienen la habilidad de aprender el lenguaje ST relativamente fácil, ya que las estructuras programables se parecen entre si.

El tiempo de educación para la programación del lenguaje ST, es similar al de otros lenguajes de programación de texto, de 3 a 5 años.

1.3 Fundamento del conocimiento

El autor tiene 25 años de experiencia en programación, desarrollo y entrega de sistemas complejos de control, así como en supervisión de sistemas. De los 25 años, el autor cuenta con 7 años de experiencia en Programación Pascal y 12 años en soluciones de automatización y sistemas que involucran PLCs. Sus experiencias laborales comprenden cuatro compañías internacionales y la entrega de más de mil soluciones de sistema de control para 20 países. Esta experiencia esta plasmada en este libro, y constituye uno de sus pilares básicos.

En los últimos años, el autor ha estado enseñando Sistemas de Control PLC en centros de educación superior. Sus estudiantes cuentan con experiencia profesional/vocacional en el rango de 0-20 años en el campo de la automatización y los servicios tecnológicos.

Además, internet, el Standard DS/EN 61131-3, y las series de libros de PLC, se usan como inspiración y aclaración en la forma a la hora de presentar los casos prácticos.

La base del libro es un material en constante evolución y revisión, con comentarios, sugerencias y mejoras por parte de los profesores y estudiantes atendiendo el ciclo formativo en Ingeniería de Automatización de la academia local de formación profesional Dania, *Erhvervsakademi Dania* (nombre en idioma danés), situada en Randers, Dinamarca. El material ha sido actualizado recientemente, así que responde a todas las preguntas que los estudiantes realizan continuamente a lo largo del curso.

El autor cuenta con una Licenciatura en Ingeniería Eléctrica (B.Sc.E.E por sus siglas en inglés) por la universidad técnica de Aarhus-DK.

1.4 Ventajas de la programación en lenguaje ST

El ST es un lenguaje de programación muy flexible y universal. El código del programa ST puede ser fácilmente replicado entre diferentes tipos de PLC y puede ser enviado vía e-mail, debido a que se encuentra basado en texto y no en gráficas como la programación LADDER Diagram (LD)

El código del programa ST es similar a las oraciones de texto, y la escritura del código, se lleva a cabo como en un programa de procesador de textos (p. ej. Microsoft Word); lo cuál facilita su manejo. Consecuentemente, los mismos métodos de trabajo son aplicados como en un programa de procesador de textos.

El alto grado de estructuración del lenguaje ST, lo convierte en ideal para tareas basadas en matemáticas complejas, reutilización de códigos o toma de decisiones (p. ej., optimización automática de energía, algoritmos, recolección y regulación de datos en plantas de proceso).

Contando con experiencia en programación PLC, la transición hacia otros lenguajes de programación con Control PLC y automatización tales como robótica de programación o programación en Visual Basic, debería ser más sencilla.

Controles PLC con Texto Estructurado (ST)

En los últimos años, el número de compañías que se han cambiado a la Programación ST ha aumentado, debido sobre todo a las ventajas que el lenguaje ST ofrece sobre los otros cuatro lenguajes de programación PLC (**LAD, SFC, FBD e IL**).

Las ventajas son las siguientes:

- El código de programación ST puede ser replicado relativamente fácil entre diferentes tipos de PLC. [1]
- Es el lenguaje PLC más sencillo para cálculos matemáticos, fórmulas y algoritmos [2] así como para operar con gran cantidad de datos (bigdata).
- Las soluciones PLC actuales son más exigentes que las de hace 20 años [3]
- Muchos lenguajes de programación generalizados para PC (C++, C#, VB, PASCAL) se asemeja en gran medida a la estructura del lenguaje ST.
- Los otros lenguajes PLC (LAD, SFC y FBD) requieren que parte del código esté programado en ST.
- Utiliza menos espacio cuando el código PLC debe ser documentado, descrito e impreso.
- Es el lenguaje PLC más sencillo para el control de versiones a través de comentarios en el código del programa o vía **GIT** [4] o *Subversion* [4].

Se espera que la lista de instrucciones del lenguaje de programación PLC (IL), la cual se aplica a controles de PLC complejos, quede obsoleta en pocos años (cf. DS/EN 61131-3 sección 7.2.1). Esto provocará el reemplazo de estas soluciones por el lenguaje ST.

---

[1] Esto es posible utilizando las herramientas de copiar-pegar y correcciones menores. Por ejemplo, Siemens usa # delante de las variables locales, mientras que Allen Bradley usa otra sintáxis para la función *calls*.

[2] Los cálculos matemáticos son similares a las fórmulas matemáticas. Ver la sección 8.1 página 45.

[3] En la actualidad existe un mayor enfoque hacia la optimización de energía, operación automática y la recolección de datos. Todas estas son soluciones las cuales requieren de código PLC más complejo que el ordinario *re-lay/circuit breaker* con funciones de marcha/paro.

[4] Las herramientas GIT y *Subversion* son herramientas útiles para rastrear correcciones y extensiones en el código PLC. Esto permite poder trabajar con versiones anteriores de código PLC.

1.5 Desventajas de la programación en lenguaje ST

Una gran desventaja del lenguaje ST, es el hecho de que muchos técnicos y electricistas solamente son capaces de programar en LADDER Diagram. Para estos grupos de profesionales resulta difícil entender la programción ST, la cuál se basa en texto y no en gráficas como en LADDER Diagram [1].

La programación en lenguaje ST puede ser confusa, ya que requiere de cierta experiencia en la estructuración de un programa de una forma adecuada.

Usuarios inexpertos, posiblemente encontrarán dificultades a la hora de encontrar fallos de programación en un programa en lenguaje ST.

Los tipos de PLC más pequeños normalmente no permiten la programción en lenguaje ST.

No es posible progamar un PLC de seguridad usando lenguaje ST. [2].

Alcanzar el nivel experto en programación en lenguaje ST, requiere de 3 a 5 años, tras terminar la correspondiente educación.

2 ¿Cómo ejecuta el PLC el código PLC?

Es importante conocer como un PLC ejecuta un programa, el cuál debe ser tomado en consideración cuando se escribe el programa PLC. Un PLC ejecuta programas secuencialmente en tiempo real, lo que significa que las partes de un solo programa deben ser ejecutadas en un período corto de tiempo. Los módulos del programa son ejecutados con un intervalo fijo (PLC scan-time); p. ej., 50 [ms]. Algunos de los PLCs más potentes tienen un *scan-time* de 1 [μs].

Los módulos del programa también pueden presentar diferentes *scan-time*, p. ej. 500 [ms] o cada minuto son posibles. Puede ocurrir que las variables que miden algunos sensores no cambien su valor rápidamente (p. ej. un sensor de temperatura) y por esta razón no es necesario obtener un *scan-time* rápido para todas las partes del programa.

Un programa extenso puede incluir un gran número de cálculos, lo que requiere de un mayor tiempo para ejecutarlo. Para reducir el tiempo total de ejecución, será necesario obtener diferentes *scan-times* para los diferentes módulos del programa.

---

1) Para ayudar a empezar a usar la programación en lenguaje ST a las personas que usan la programación en lenguaje LADDER, en el capítulo 14, página 108, se muestran ejemplos de la programación en lenguaje LADDER equivalentes a la programación en lenguaje ST.

2) Un PLC separado o áreas especiales en un PLC ordinario, se usan para desconectar motores y otras partes móviles si la parada de emergencia se activa. Este proceso debe ser 100 % seguro con la finalidad de tener una desconexión apropiada. En este entorno, el código PLC debe ejecutarse de una manera segura, el cuál se aprueba para este propósito.

El siguiente diagrama de flujo muestra el modo básico de operación para un PLC:

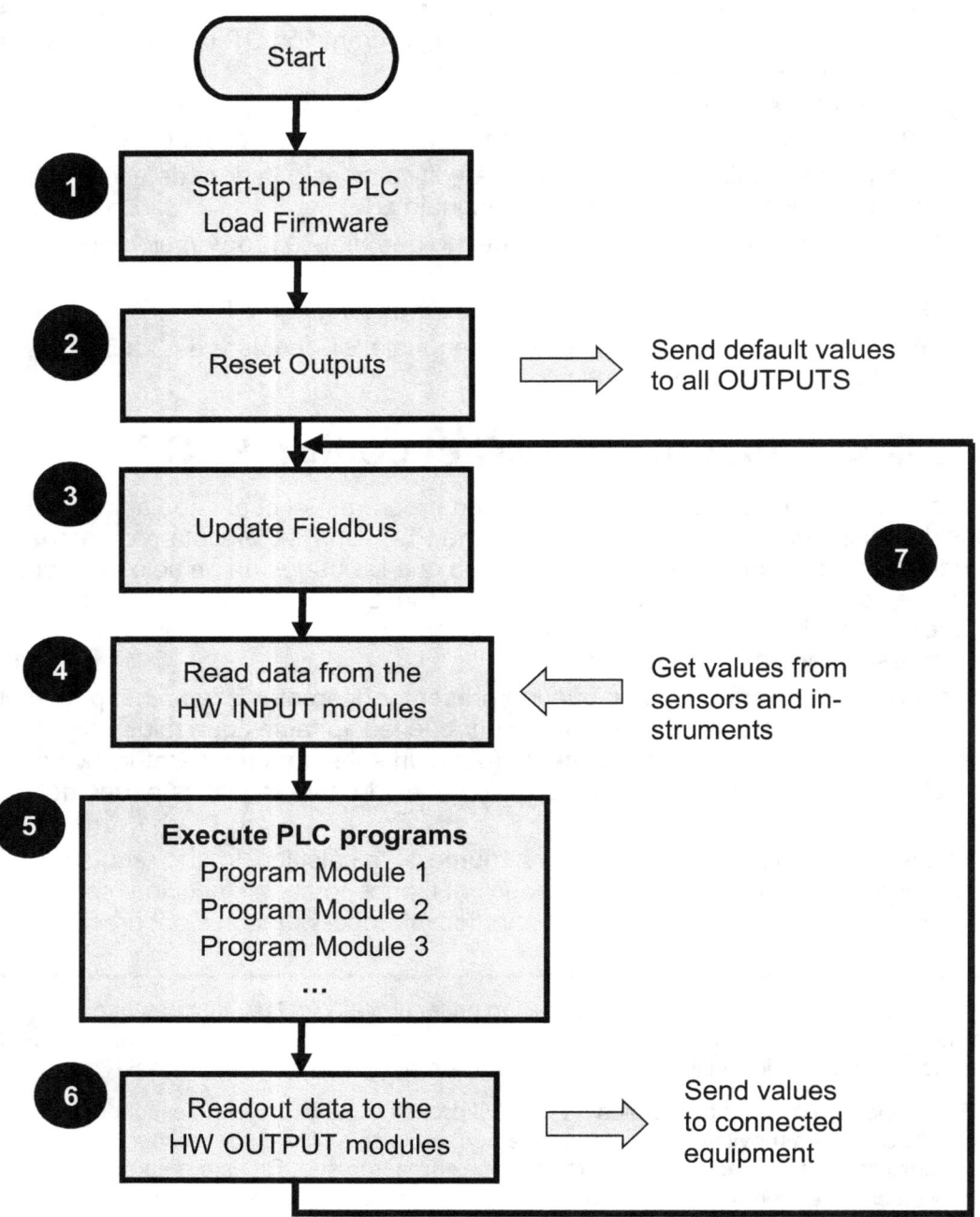

El diagrama de flujo muestra los siguientes puntos:

1 Tras conectar el PLC, este se iniciará/arrancará y descargará el sistema operativo, llamado *firmware* en un sistema PLC. Esto asegurará que el programa PLC esté familiarizado con el hardware conectado (HW).

2 Después de arrancar, todos los módulos de salida son reseteados. Es importante que todas las salidas tengan correctos los valores de arranque, de tal forma que los equipos periféricos conectados al PLC no ejecuten acciones indeseadas antes de que el programa PLC se haya iniciado.

3 Se establece una comunicación de datos a través de una red (*fieldbus*). En este paso, un gran número de variables son recibidas y enviadas desde/hacia otras unidades (p. ej. paneles de control, otros sistemas de control o instrumentos). Existen diversos tipos de *fieldbuses* (p. ej. Profibus, Profinet o Ethernet/IP). Sin embargo, estos *fieldbuses* cuentan básicamente con las mismas funciones y trabajan de forma parecida.

4 Valores procedentes de todos los sensores, contactores, interruptores, instrumentos y componentes de la máquina/unidad, son recibidos desde los módulos de entrada.

5 Se ejecutan todos los programas PLC una vez, dependiendo del *scan-time*. Los programas se dividen de la siguiente forma:

    Módulos del programa. Ver capítulo 10, página 68
    Funciones. Ver sección 10.1, página 69
    Funciones (FC) y Funciones de bloques (FB) Ver página 72

Los programas deben dividirse, con el fin de dotar al programa de una buena estructura.

6 Escribir valores para todos los módulos de salida, p. ej., nuevos ajustes para motores/maquinaria, válvulas, lámparas e instrumentos.

7 Se repiten los pasos 3 a 6. Programa de escaneo.

La ejecución del programa solo se detiene si:
- El programa PLC está configurado en modo STOP.
- Ocurre un error en un tiempo de ejecución.
- Se desconecta el PLC de forma intencionada o por fallo en el suministro eléctrico.

3 Comentarios en el código de programación

Los comentarios son una parte muy importante de la programación. Los comentarios que se añaden en el código de programación son útiles a la hora de hacer correcciones o adiciones al código porsteriormente.
Usa los comentarios para explicar cómo un código PLC específico se desarrolla, de manera que tú mismo puedas recordarlo después. En muchos casos, el código PLC puede ser muy claro por sí mismo; es por eso, que es mejor usar los comentarios cuando el código se vuelva más complejo.

A continuación, se pueden observar dos tipos de comentario en lenguaje ST:

Line Comment

```
// Line comment. Forward-slash is written in front of EVERY line.

// Also used to remove/sort out PLC code – i.e. a code which is not executed
// The code has disappeared if it is deleted, therefore place // in front of the line
// instead of deleting the code. By doing this, the code is still to be seen
//but not executed
```

Block Comment

```
(* Block comment is initiated by start parenthesis and a star. It is finalized by a star
and end parentheses. They are used for making more lines of PLC code inactive *)
```

Los comentarios de línea o *line comment* sólo pueden ser posicionados en la misma línea delante o después del código.

Los comentarios posicionados entre (* y *) son llamados comentarios de bloque o *block comments* y son usados con la finalidad de eliminar/seleccionar líneas del código, o para escribir comentarios que completan más líneas.

Para cada función o módulo del programa, se suelen escribir comentarios en la parte superior, de forma que otro programador pueda hacer una lectura rápida de la descripción o introducción de la función o del módulo del programa.

Se recomienda incluir un registro de la versión en las líneas superiores, de tal manera que sea posible llevar un control de las modificaciones realizadas en el código PLC (incluir información referente a: fecha, autor, explicación de la modificación, motivo, etc.):

```
////////////////////////////////////////////////////////////////
/// OP002 Parking house
////////////////////////////////////////////////////////////////
// Action for each connected sensor
//
//***************************************************
// Version 1.0, Created. Date 06.10.2020 TMA
// Version 1.1, TempVar3 changed 10.10.2020 TMA
// Version 1.2, Button B1 added 1.11.2020 TMA

IF B1 = TRUE THEN    //First line of PLC code
    K1:= TRUE;
END_IF;
```

Algunos tipos de PLC no aceptan los símbolos especiales de idiomas localizados en las líneas de los comentarios, como p. ej. ciertas vocales del idioma danés: æ ø å / Æ Ø Å, o la letra ñ / Ñ del idioma español. Es por esto, que en general se recomienda utilizar el alfabeto del idioma inglés, tanto en las líneas de comentario como en la programación; además, son muchas las compañías que eligen escribir sus códigos PLC en idioma inglés. Otra razón para escribir el código PLC en el idioma inglés, es el hecho de que muchas compañías trabajan en un entorno internacional.

IMPORTANTE   Recuerda actualizar los comentarios y el registro de la versión, cada vez que se realicen cambios en el código PLC.

CONSEJO   Usa comentarios para describir todo lo que el código PLC puede hacer antes de empezar a escribirlo. Esto ayudará al programador a mejorar la estructura del código, al tiempo que mejorará la comprensión del mismo.

4 Tipos de datos

Al igual que otros lenguajes de programación, el IEC 61131-3 standard proporciona una gran variedad de tipos de datos, entre los que se incluyen del tipo elemental, y los definidos por el usuario. Los diferentes tipos de datos definen cuanta memoria se necesita para un valor variable, y por "un valor variable" se entiende el valor más grande y más pequeño que puede adoptar dicha variable.

4.1 Tipos de datos elementales (INT, REAL, BOOL)

Los siguientes tipos de datos elementales son los más importantes, y son estándar en cada controlador PLC:

Tipos de datos	Bits	Sistemas numéricos	Nota	Rango de valores Valor mínimo y máximo	Ejemplo
BOOL (Bit)	1	Boolean (Binario)		**FALSO/CIERTO** **FALSE/TRUE** o 0 / 1	**TRUE (CIERTO)**
BYTE	8	HEX (Hexadecimal)		16#0 a 16#FF	16#10
WORD	16	Binario		2#0 a 2#1111111111111111	2#0001000000000000
UNIT		HEX (Hexadecimal)		16#0 a 16#FFFF	16#1000
		BCD Decimal Codificado en Binario		C#0 a C#999	C#998
		Entero sin signos, solo números positivos		0 a 65535	564
DWORD (Doble palabra)	32	Binario		2#0 a 2#11111111111111111111111111111111	2#10000001000110001011101101111111
		HEX (Hexadecimal)		16#00000000 a 16#FFFFFFFF	16#00A21234
		Entero sin signos, solo números positivos		0 a 4294967295 (4.29 mil millones)	435
INT (Entero)	16	Decimal Entero con signos		-32768 a 32767	101
DINT (Doble entero)	32	Decimal Entero con signos		-2147483648 a 2147483647 (2.1 mil millones)	107

IEC 61131-3 y método óptimo de programación ST

Tipos de datos	Bits	Sistemas numéricos	Nota	Rango de valores Valor mínimo y máximo	Ejemplo
REAL (Número de punto flotante)	32	IEEE Número de punto flotante (valor decimal)	1	Valor mínimo: +/-3.402823E+38 Valor máximo: +/-1.175495E-38	1.234567e+13
LREAL (Largo Real)	64	Doble-precisión punto-flotante IEEE 754		mínimo: -1.7976931348623E308 máximo: 1.79769313486232E308	3432.54
TIME (IECtiempo)	32	Tiempo IEC Paso en 1 [ns] o Paso en 1 [ms]	4	T#1ns a T#24d20h31m23s	T#10s T#10d14h11m23s T#5s12ms23us300ns
DATE (IEC fecha)	16	día IEC paso 1 día		D#1990-1-1 a D#2168-12-31	D#2018-3-15 DATE#2018-3-15
TIME _OF_DAY (Tiempo)	32	Tiempo en un paso de 1 [ms]	4	TOD#0:0:0.0 a TOD#23:59:59.999	TOD#1:10:3.3 TIME_OF_DAY#1:10:3.3
CHAR WCHAR	8 16	ASCII caracteres (letra)	2	'A', 'B', etc.	'E'
STRING		Texto	3	Hasta 255 caracteres	"Esto es un texto"

Todas las variables tienen un tipo de dato. Si a una variable, se le asigna un valor fuera del rango de valores mínimo y máximo del tipo de datos, puede ocurrir un error en el tiempo de ejecución, y en consecuencia, el PLC puede detener la ejecución del programa. Esto puede derivar en un comportamiento anormal cuando se ejecute el programa (el programa puede parecer inestable).

Algunos tipos de PLC proporcionan más tipos de datos de los que se muestran en la tabla anterior. En general, se recomienda usar el menor número de tipos de datos posible, de tal forma que el código PLC pueda ser copiado de una forma sencilla a otros tipos de PLC. Algunos tipos especiales de datos como el **S7TIME**, **LWORD** y **ULINT** no pueden ser utilizados por todos los tipos de PLC. Esto supone que copiar código PLC con tipos de datos especiales, o actualizar a un PLC más grande puede requerir mucho trabajo y existe el riesgo de que se introduzcan errores.

Los tres tipos de datos más comúnmente usados son **BOOL**, **INT** y **REAL**. La razón por la cual **INT** se utiliza más a menudo que **WORD**, es que **INT** proporciona la misma cantidad de datos que el *bit-size* en un PLC y debido a esto, es un tipo de datos rápido. Por otro lado, si se usa **REAL**, el PLC establecerá un código máquina detrás del **REAL**, el cuál es más complicado de procesar para el PLC, ya que el PLC solo puede trabajar con números enteros.

Controles PLC con Texto Estructurado (ST)

La desventaja de trabajar con **INT** se da cuando **INT** se usa en la comunicación de datos entre dos PCs, donde un PLC utiliza un sistema operativo de 16 bits, y el otro, uno de 64 bits. Incluso podría ser un PC pequeño de 8 bits (una computadora integrada), que podría ser un sensor, un instrumento de medida, un dispositivo que analiza procesos u otro equipo en una instalación. Leer más acerca de esto en la sección 8.5, página 49.

Notas aclaratorias para los tipos de datos

1) Un número entero **REAL** contiene un máximo de 7 dígitos influyentes. Si el valor 1234.56789 se asigna a una variable, dicha variable no es capaz de contener todos los dígitos. El valor original será consecuentemente cambiado al nuevo valor 1234.567 (7 dígitos). Algunos tipos de PLC pueden manejar 8 dígitos: 1234.5678.

   En algunos tipos de PLC, este tipo de datos se denomina FLOAT.

   Debido a que algunas computadoras interpretan un **REAL**/FLOAT de diferentes maneras, pueden presentarse algunos retos cuando se haga una comunicación de datos entre más computadoras. Para resolver esto, un **REAL** "es desplazado" a una variable **INT** o **DINT** multiplicada por 100, y cuando los datos son recibidos en otra computadora, la variable es dividida entre 100. De este modo, se puede transferir una posición decimal incluyendo 2 dígitos, sin ningún problema. Ver más en la sección 8.5, Página 49

2) Los caracteres ASCII son típicamente utilizados cuando se necesita escribir textos; p. ej. interfaces de usuario, registros de datos para archivos, comunicación entre instrumentos, datos de un teclado u otros PLCs. Debido al hecho de que un PLC "solo puede" operar con números enteros, cada letra y signo tiene un número en una tabla ASCII.

   El tipo de datos **CHAR** tiene 8 bits (puede contener 255 signos diferentes). Un tipo de datos **CHAR** puede ser típicamente utilizado agrupando lenguajes similares (p. ej. noruego, sueco y danés), con un máx. de 5 lenguajes.

   WCHAR tiene 16 bits y se usa para *Unicode (ISO 10646, global signs)*. El código éstandar *Unicode* se usa en soluciones internacionales de PLC.

   WCHAR se usa normalmente cuando el mismo código PLC se utiliza de forma global, con diferentes idiomas en la interfaz del usuario.

3) Un **STRING** consiste en un **ARRAY** de **CHAR** y se establece normalmente para 255 signos (**CHARS**).

   Ver también la nota 2) arriba mencionada. Además, ver la sección 4.5, página 22 y el capítulo 11, página 78. **WSTRING** se utiliza para *Unicode (ISO 10646, global signs)* y consiste en un **ARRAY** de **CHAR**.

Nota: Algunos tipos de PLC proporcionan un máximo de 80 caracteres en un **STRING**, si un **ARRAY** no está limitado a p. ej. 10. Es una buena práctica en programación limitar el **ARRAY**, de tal forma que no se utilice demasiada memoria de forma innecesaria.

4) **TIME/DATE** se calcula internamente en un PLC como un número entero, el cual cuenta el tiempo desde 01.01.1970 a las 00.00h y que por lo tanto solo puede ser convertido a un número entero. (Ver la documentación del PLC individual).
Un PLC obtiene su tiempo/hora actual de un componente electrónico incorporado en el hardware del PLC. Esta indicación de tiempo/hora no es muy precisa. Una indicación de tiempo/hora precisa debe ser obtenida de un reloj atómico, el cuál permite que hoy en día, un PLC sea completamente automático, si está conectado a internet. Un PLC puede por tanto obtener su tiempo/hora actual de un PC ordinario; p. ej. una vez al día. Es importante que todos los PLCs en la red de trabajo muestren el mismo tiempo/hora de tal forma que las alarmas y el estampado con fecha y hora de datos registrados indiquen la misma hora de tiempo (p. ej. registro de eventos, o registro de cambios realizados por el usuario en el control del PLC).

Cuando una variable es asignada a un valor, el número normalmente (por defecto) existe en sistema decimal. Dependiendo de si el valor existe en sistema binario, o si es un número HEX, los prefijos **2#** y **16#** deben incluirse respectivamente delante del número. Valgan como ejemplos **2#**101 = 5 o **16#**FF = 255.

Normalmente, una variable **INT** es usada para contadores, y es importante conocerla a la hora de decidir la longitud de un número en un **INT**. Si el **INT** es, p. ej., usado como "contador de tiempo"-*TACHO HOURS* en un motor (un contador mostrará la cantidad total de horas que un motor ha estado en marcha, y este número específico se usará para mantenimiento del motor). Si el motor está en marcha 20 horas al día y tiene una vida útil de 10 años, el valor total del contador será como se muestra a continuación:

Horas en 24 horas*días al año*año= 20*365*10 = 73,000 (horas)

El resultado indica que la variable no puede ser contenida en el tipo de dato **INT**, ya que **INT** puede tomar como máx. valor 32767. Esta operatoria requiere de un número entero doble **DINT**, o aún mejor, un tipo de dato **DWORD**, el cual puede albergar un número mayor.
DWORD puede contener un valor entero de 0 a 4.29 mil millones.

Si finalmente se utiliza un **INT**, la variable mostrará el valor 7466 ya que el **INT** tiene dos *"overflows"*. Un *"overflow"* tiene lugar cada vez que el número entero es mayor que 32767, y en un *"overflow"* la variable se reinicia a -32768 (valor mín. para un **INT**).

4.2 Introducción a datos de tipo derivado

A la hora de escribir el código, es posible definir tipos de datos más avanzados y adaptados con el fin de mejorar la estructura del programa y ahorrar tiempo. Estos tipos de datos son llamados tipos de datos definidos por el usuario y se declaran usando **TYPE** y **END_TYPE**.

Los cuatro tipos de datos son los siguientes:

- Tipo de datos estructurado, **STRUCT,** Ver capítulo 4.3, página 19
- Tipo de datos de numeración, **ENUM,** Ver capítulo 4.4, página 21
- Tipo de datos Sub-Rango, Ver capítulo 4.5, página 22
- Tipo de datos de rango idéntico, **ARRAY,** Ver capítulo, página 23

CONSEJO: Para aquellos usuarios sin experiencia previa, que van a empezar a programar en un PLC, es importante saber, que los tres primeros tipos de datos no son necesarios para que los programas PLC se ejecuten correctamente. Esto significa que los tipos de datos derivados están indicados una vez que se adquiera una mayor experiencia en la programación PLC.

Los diferentes tipos de datos derivados son explicados en las siguientes secciones.

4.3 Tipo de datos estructurado, STRUCT

Un tipo de datos estructurado **STRUCT** es un tipo de datos compuesto, usado para colectar más tipos de datos en un grupo (Clase/Objeto). El tipo de datos estructurado es creado usando las palabras clave **TYPE, STRUCT** y **END_STRUCT**. Cada variable en un **STRUCT** necesita tener un número indicativo seguido por dos puntos y después el tipo el dato. Observe que la expresión termina con un punto y coma.
Abajo se muestra un **STRUCT**, llamado *Motor*, conteniendo cuatro variables, las cuáles estan todas relacionadas con un motor. *Speed* (Velocidad, en un motor) *Temperature* (Temperatura, medición en el motor), *Voltage* (Voltaje, fuente de enrgía) y *AlarmStatus* (Estado de Alarma):

```
TYPE Motor :                                    //Example 1 STRUCT
  STRUCT
    Speed          : INT;   //Actual speed of the motor [RPM]
    Temperature    : REAL;  //Temperature inside the motor [C]
    Voltage        : REAL;  //The voltage of the motor [V]
    AlarmStatus    : BOOL;  //Alarm if TRUE else FALSE
  END_STRUCT
END_TYPE
```

Observe que los comentarios son escritos después de cada variable, los cuales describen precisamente el significado de cada variable, facilitando la comprensión del código al lector. Además, las unidades de cada variable se citan entre corchetes, para evitar confusiones en cálculos posteriores. Por ejemplo, la velocidad del motor es medida en RPM (revoluciones por minuto) y la frecuencia en Hz (Hercios) o en porcentaje (0-100 %).

Los comentarios de línea también se usan cuando la variable está configurada para describir el valor que puede adoptar dicha variable, ya que no siempre sigue la lógica. Por ejemplo, en el **Estado de alarma,** cuando no está claro si se trata de una alarma, y cuando se encuentra activada, adoptando los valores VERDADERO o FALSO **(TRUE** or **FALSE).**

Como se menciona en la sección 6.1, página 34, la unidad puede ser una parte del nombre de la variable.

A la hora de configurar un **STRUCT**, algunos tipos de PLC no utilizan texto. Los tipos de datos estarán por tanto configurados en una lista, y es por esto que **TYPE, STRUCT, END_STRUCT** o **END_TYPE** no se mostrarán.

Un tipo de datos estructural puede contener uno o más tipos de datos estructurados. Esto puede observarse en el siguiente ejemplo:

```
TYPE Valve :                    //Example 2 STRUCT
    STRUCT
    DisplayColor    : LightTYPE;    //User defined TYPE
    ValveState      : BOOL;         //Can be TRUE (open) or FALSE (closed)
    Pressure        : REAL;         //Pressure in [Bar]
    END_STRUCT
END_TYPE
```

En el ejemplo 2, el tipo de dato **Valve** consta de tres variables: **DisplayColor**, **ValveState** (Estado de la válvula: abierto o cerrado) y **Pressure**. Las variables **Pressure** y **ValveState** utilizan los tipos de datos estándar **REAL** y **BOOL** respectivamente, mientras que la variable **DisplayColor** utiliza el tipo de dato **LightTYPE**, el cuál es definido en la sección 4.4, página 21.

Un ejemplo de un tanque portátil que contiene químicos (tanque IBC):

```
TYPE TankType :                 //Example 3 STRUCT
    STRUCT
    Liters      : REAL := 1000;     //Default tank size
    LevelSensor : REAL;             //Sensor at bottom
    LevelSwitch : BOOL;             //Float switch at bottom
    END_STRUCT
END_TYPE
```

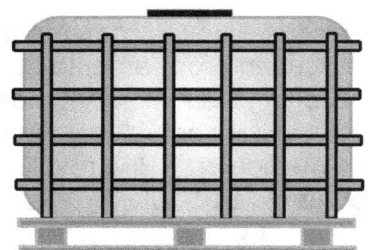

Muchas variables en un programa PLC pueden parecer confusas. Las variables pertenecientes a una afiliación del mismo componente (objeto), el mismo dominio, o el mismo modo de operación, pueden ser agrupadas convenientemente en un **STRUCT**. De esta manera, resulta más sencillo y rápido configurar y mantener un gran número de componentes idénticos. Este método recibe el nombre de Progamación Orientada a Objetos (OOP) y se usa normalmente a la hora de escribir programas informáticos.

Si una variable con el tipo de datos **STRUCT** se transfiere a una función, el alcance de la variable debe ser **VAR_IN_OUT** en la función. Ver capítulo 5, página 26.

4.4 Tipos de datos de numeración, ENUM

El tipo de datos de numeración **ENUM** contiene una lista de nombres únicos. Los nombres están listados entre paréntesis, y deben mostrar cierta relación y significado con su propósito. Las expresiones se inician con **TYPE** y terminan con **END_TYPE**.

Como ejemplo:

```
TYPE LightTYPE :
     (RED, YELLOW, GREEN);
END_TYPE
```

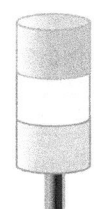

El tipo de dato **LightType** en este ejemplo puede indicarse con un signo ROJO, AMARILLO o VERDE (RED, YELLOW or GREEN). También puede p. ej., ser aplicado para un semáforo, una señal del operador de la lámpara (ver imágen), en una máquina o como un estado en una válvula.
LightTYPE puede/debe estar indicado siempre por uno de los tipos definidos: ROJO, AMARILLO o VERDE.

Un **ENUM** debe ser asignado por defecto; de lo contrario, existirá cierta incertidumbre en cuanto al valor inicial (puesta en marcha).

En el ejemplo que se muestra a continuación, **LightTYPE** adopta el valor ROJO, cuando el PLC se encienda:

```
TYPE LightTYPE :
     (RED, YELLOW, GREEN):= RED;
END_TYPE
```

El compilador del PLC (programa que convierte el código de programa ST al PLC) inserta de forma automática números consecutivos para cada texto individual: ROJO = 0, AMARILLO = 1 Y VERDE = 2, basandose en el hecho de que una CPU solamente puede trabajar con números. De esta manera aparece el nombre **ENUM**; **ENUM** puede ser traducido a "ordenación numérica automática". Este método se usa porque es más fácil para el programador recordar un texto que un número constante y de este modo, el programador no necesita malgastar tiempo en escribir los números consecutivos subyacentes.
Es posible definir un valor fijo para cada nombre en lugar de utilizar los consecutivos, como se muestra a continuación:

```
TYPE LightTYPE :
     (RED:= 10, YELLOW:= 20, GREEN:= 30) := RED;
END_TYPE
```

La desventaja de utilizar **ENUM** es que todos los números están posicionados en un orden continuo. Si se añaden nuevos nombres en medio de la secuencia, el orden de los números es desplazado y como consecuencia se crean nuevos retos cuando las variables **ENUM** son intercambiadas entre más PLCs o computadoras, ya que ambos deben actualizarse con un nuevo código PLC al mismo tiempo.

En el siguiente ejemplo se encuentran dos variables: **MotorLamp** y **Lamp**. Ambas tienen el tipo de datos **LightTYPE**:

```
Lamp:= MotorLamp;                        //Here is Lamp set to red
MotorLamp:= LightTYPE.GREEN;             //Set MotorLamp to green
Lamp:= MotorLamp;                        //Here is Lamp set to green
```

ENUM crea un software estructural más adecuado. Sin embargo, **ENUM** no se encuentra en todos los tipos de PLC.

La alternativa para **ENUM** es usar constantes independientes. Ver sección 6.2.

4.5 Tipo de datos de sub-rango

Un tipo de datos de sub-rango es un tipo de datos, delimitado en relación a un tipo de datos elemental. Esto tiene sentido en el caso de un área de medición restringida. Un sub-rango consiste en el nombre de un tipo de dato delimitado, seguido por un límite inferior y uno superior, separado por dos puntos seguidos, ambos encerrados entre paréntesis, tal y como se muestra a continuación en el siguiente ejemplo. Se puede apreciar delimitado el tipo de dato TemperatureRangeType, el cuál solo es capaz de contener números entre -50 y 125.

(El tipo de datos INT es capaz de contener valores en el rango -32768 a 32767):

```
TYPE TemperatureRangeType:
    INT (-50 .. +125);
END_TYPE
```

Si una variable con el tipo de dato **TemperatureRangeType** se asigna a un valor 132, por consiguiente fuera del rango permitido, puede ocurrir un error de tiempo de ejecución en el PLC. Es por esto, que los tipos de datos de sub-rango no se utilizan a menudo, ya que un error en el tiempo de ejecución no es fácil de manejar (y de explicar al cliente) en comparación con una variable que muestra 132 en lugar de 125. Si el valor es visible, puede ser fácil observar que el valor cae fuera del rango permitido, lo que facilita la identificación del problema.

4.6 Stock de valores con el mismo tipo de datos, ARRAY

Un **ARRAY** es una estructura de datos, la cual puede almacenar una colección de elementos de tamaño fijo del mismo tipo. Las posiciones se situan una junto a la otra en la memoria, lo que facilita su manejo. Un **ARRAY** siempre proporciona una longitud fija predeterminada que no puede ser modificada durante la ejecución del programa. Un **ARRAY** se puede configurar e indexar en muchas dimensiones. **ARRAY** permite una escritura de código rápida y con buena estructura. El reto se basa en disponer los valores dentro y fuera del **ARRAY**.

Un **ARRAY** también recibe el nombre de dato multi elemental.

A continuación se muestra un ejemplo en el cual **SpeedArray** contiene 6 posiciones de tipos de datos **INT**. Para definir las 6 posiciones se usa **ARRAY** seguido de corchetes, incluyendo el número de posición de inicio y el número de posición final, separados por dos puntos consecutivos como se muestra a continuación:

```
VAR SpeedArray :
    ARRAY [1 .. 6] OF INT;
END_VAR
```

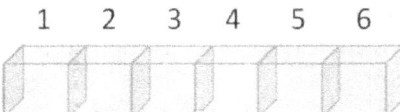

El primer valor en el **ARRAY** está situado en la posición no.1 y el último en la no.6. A continuación se elige un nombre donde **Speed** se agrega al texto **Array**, de forma que la persona que está trabajando con el código PLC puede observar fácilmente que es un **ARRAY** lo que se está utilizando.

SpeedArray es un **ARRAY** unidimensional que puede usarse cuando una colección de varios valores se posiciona en una gran fila:

>Cálculo del valor promedio (sección 10.4, página 66).
>Manejo de una fila (sección 13.1, página 92).
>FIFO - **F**irst **I**n **F**irst **O**ut (sección 13.2, página 95).
>Recolección de datos y clasificación (no incluida en este libro).

Un **ARRAY** puede ser configurado con todos los tipos de datos, incluyendo **STRING**, **STRUCT** además de funciones.

Un ejemplo del uso de **ARRAY** se muestra en las páginas 64, 66 y 92.

Un **ARRAY** bidimensional puede ser utilizado en, p. ej., un área/estación de estacionamiento de datos, un gráfico, un gráfico de barras o una tabla dinámica, y puede configurarse como se muestra a continuación:

```
VAR Racking
    ARRAY [1 .. 5, 1 .. 3] OF INT;
END_VAR
```

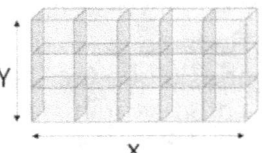

Un **ARRAY** tridimensional se define como se muestra a continuación:

```
VAR PackOnPallet
    ARRAY [1 .. 5, 1 .. 4, 1 .. 3] OF REAL;
END_VAR
```

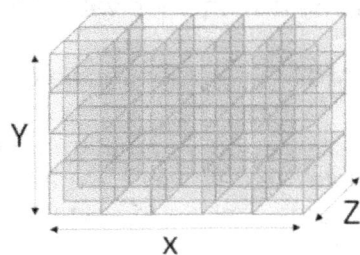

Se usan p. ej. para paquetes dispuestos sobre un palé o para demarcar posiciones en los estantes de un almacen.

Si un **ARRAY** tridimensional está enfocado como un sistema de coordenadas X, Y, Z, los valores mencionados en el ejemplo anterior se pueden separar como se muestra a continuación:

X: 1 => 5, **Y:** 1 => 4, **Z:** 1 => 3

La cantidad total de posiciones en **PackOnPallet ARRAY** es: 5*4*3 = 60 piezas. Por lo tanto, este **ARRAY** contiene 60 posiciones.

Se puede definir un **ARRAY** para empezar en 0. El **ARRAY** del siguiente ejemplo contiene 4 posiciones, ya que la posición 0 y la posición 3 están incluidas. Cuando los arrays empiezan en 0, el resultado es un programa más estable, ya que el puntero del índice del array está sin inicializar (no tiene un valor asignado de inicio).

```
VAR MyArray1D
    ARRAY [0 .. 3] OF INT;
END_VAR
```

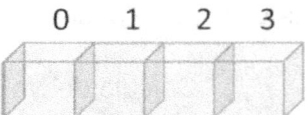

Insertar un valor sencillo en un ARRAY

Cuando los valores en un **ARRAY** unidimensional son asignados, la operación se lleva a cabo como se muestra a continuación: En el siguiente ejemplo, el valor 5 se inserta en la posición 4 del array llamado **SpeedArray**.

```
SpeedArray [4] := 5;
```

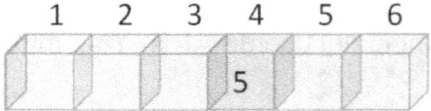

Insertar valores en un **ARRAY** tridimensional
PackOnPallet como sigue:

> **PackOnPallet** [1, 1, 1] := 12.1;
> **PackOnPallet** [5, 1, 3] := 43.9;
> **PackOnPallet** [1, 4, 2] := 23.5;

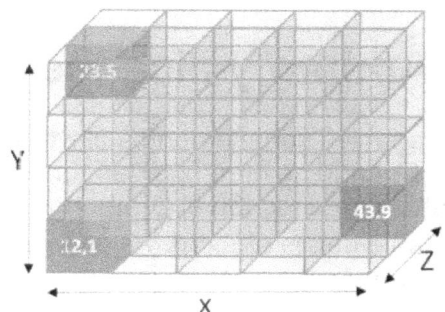

Si se insertan varios valores en un **ARRAY 3D**, ver capítulo 9.4.2, página 64.

Extraer valores de un array

A continuación se muestra como extraer un valor de un **ARRAY** unidimensional. El valor se encuentra en la posición 2 en el array llamado **MyArray1D**. El valor se extrae y se copia a la variable **Var1**.

> **Var1** := **MyArray1D** [2];
> //Value of Var1 is 12

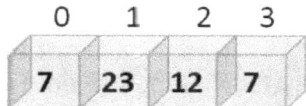

El siguiente ejemplo muestra como llevar a cabo la extracción de un valor de un **ARRAY** tridimensional. Se transfiere el valor 43.9 a la variable **Var3**:

> **Var3** := **PackOnpallet** [5, 1, 3];
> //Value of Var3 is 43.9

IMPORTANTE: No deben utilizarse las áreas que no pertenezcan al dominio **ARRAY**. Si p.ej., se intenta escribir en la posición no.10 de un **ARRAY** que contiene sólo 6 posiciones, el PLC puede detener la ejecución del programa (Error en el tiempo de ejecución). Este es un error típico que se comete a menudo

La forma de evitar esto es asegurar que los cambios/operaciones en el **ARRAY** se lleven a cabo únicamente cuando se cumpla una condición I**F** como se muestra a continuación:

> **Index**:= 4;
> **IF Index > 0 AND Index <= 6 THEN**
>   **SpeedArray [Index]** := 5;
> **END_IF;**

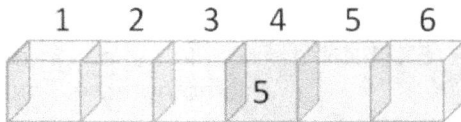

5 Ámbito y alcance de las variables

Las variables son elementos clave en la programación. Cada variable tiene un tipo de dato. Cuando se crea una variable, esta debe estar conectada a un ámbito de variable que describa el comportamiento del valor en la memoria.

Una tabla de los ámbitos y alcances de variables más típicos de la programación PLC se muestra a continuación:

Ámbito	Descripción
VAR	Entre las palabras **VAR** y **END_VAR**, todas las variables locales son declaradas. Las variables locales no pueden ser manipuladas desde fuera del módulo del programa o la función. NOTA: En algunos tipos de PLC, **VAR** es remplazada por *Static*.
VAR_GLOBAL	Ámbito de variable global. Variables en las cuales este ámbito se puede utilizar desde todos los módulos del programa, funciones, Fieldbus (Red de comunicación) y HMI (interfaz hombre-máquina). Se recomienda limitar el uso de variables globales, ya que eleva la complejidad del código PLC y dificulta el rastreo de errores.
VAR_INPUT	Usado por funciones para variables que "entran" en una función. Ver más en la sección 10.2, página 72.
VAR_OUTPUT	Usado por funciones para variables que "salen" de una función. Ver más en la sección 10.2, página 72.
VAR_IN_OUT	Ámbito de variable de entrada y salida para funciones. Los cálculos y la transferencia de una dirección de la variable, se llevan a cabo directamente en la variable, y no en una copia como cuando se trabaja con **VAR_INPUT**. Se usa cuando una función tiene que trabajar con un **STRUCT** o **ARRAY**. Debe ser usada con cautela, ya que la función cambia en una variable situada fuera de la función. Ver más en la sección 10.2, página 72.
VAR_EXTERNAL	Si un módulo del programa usa este ámbito en una variable, el módulo del programa será capaz de usar la variable global del mismo nombre. Debe ser utilizada con precaución.
VAR_TEMP	Un ámbito de variable temporal en la función, indica que el contenido de la variable desaparece una vez que la función termina.

Ámbito	Descripción
AT	Asigna una posición de memoria (dirección) para una variable. Puede ser una dirección IO (la dirección de entrada o salida en un PLC). La entrada puede ser nombrada %IX 1.0, donde %I representa la entrada o %QX 0.0, donde %Q representa la salida. Q se usa como una letra para la salida (O no se usa ya que puede confundirse con cero). Ver el ejemplo en la sección 5.1, página 28. Si no se indica nada, el PLC asignará por defecto y de forma automática, la siguiente dirección interna libre en la memoria.
CONSTANT	Esta variable no se puede cambiar durante la programación. Se usa para números y valores los cuales deben ser fijos durante toda la programación. Es importante usar este ámbito de variable cuando el mismo valor fijo se usa <u>más de una vez en el mismo código PLC</u>. Ver más en la sección 6.2 en la página 36.
RETAIN	Guarda el valor de la variable despues de un fallo en el suministro eléctrico. La variable se almacena en la memoria (memoria interna). Es IMPORTANTE usar una variable que contenga p. ej. contadores de horas, contadores de elementos o similares. Estos contadores no pueden perder el último valor en caso de que se apage el PLC. No puede usarse en una **FUNCTION**.
PERSISTENT	Como **RETAIN**, pero el valor de la variable se guarda en un archivo en el disco duro. Es IMPORTANTE usar este **RETAIN** para valores conteniendo p. ej., contadores de horas, contadores de elementos o similares. Normalmente, esto solo es posible en un *soft-PLC*. Además, esto facilita mover el contenido de las variables a otro PLC, p. ej., si un PLC ha de ser reemplazado. No puede ser usado en una **FUNCTION**.
END_VAR	Fin de la declaración del ámbito de variable. Por defecto (requerido).

5.1 EJEMPLO: Variables, Ámbito y Módulos-IO

Este capítulo muestra un ejemplo con una creación de variable:

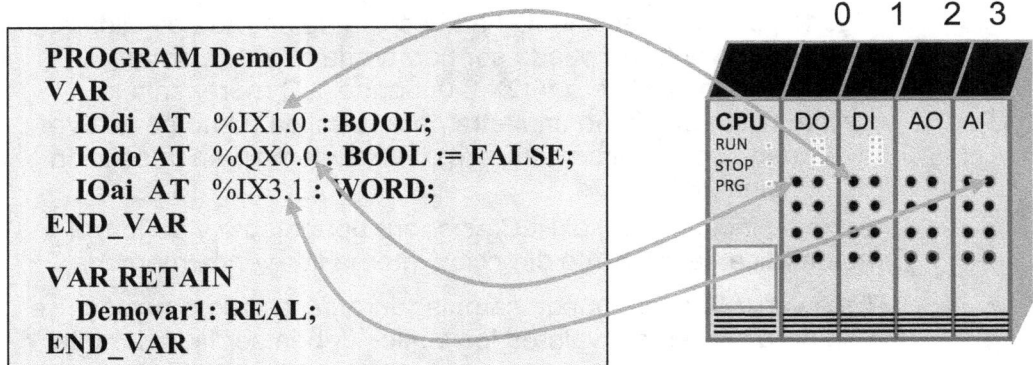

```
PROGRAM DemoIO
VAR
   IOdi AT  %IX1.0 : BOOL;
   IOdo AT  %QX0.0 : BOOL := FALSE;
   IOai AT  %IX3.1 : WORD;
END_VAR

VAR RETAIN
   Demovar1: REAL;
END_VAR
```

Este ejemplo muestra 4 variables locales en un módulo del programa llamado **DemoIO**.

Existe una variable **IOdi** con un tipo de dato **BOOL** que tiene conexión directa con la dirección de puerto no. 0 en la tarjeta de entrada no.1 del hardware. No tiene sentido iniciar la variable, ya que el valor es determinado por el sensor, el cual está conectado a la tarjeta de datos.

La variable de salida **IOdo** adopta por defecto el valor **FALSE** (FALSO), para asegurar que la señal de salida sea cero cuando se encienda el PLC. Tiene una conexión directa con la dirección del puerto no. 0 en la tarjeta de salida (la tarjeta más cercana al CPU).

La variable de entrada **IOai** adopta un valor análogo con el tipo de dato **WORD**. Un valor de entrada análogo puede ser de 16 bits. Sin embargo, normalmente presentan 12 o 13 bits, ya que su coste es menor, y una resolución de 16 bits no es siempre necesaria. La variable tiene conexión directa a la dirección del puerto no.1 en la tarjeta de salida no.3.

Además, **DemoIO** tiene una variable local llamada **Demovar1** con el tipo de dato **REAL**.

Demovar1 es guardada en caso de fallo en el suministro eléctrico o desconexión del PLC, ya que está marcada con **RETAIN**, lo que le confiere la propiedad de retener un valor de contador.

Algunos tipos de PLC no tienen una dirección directa en las tarjetas de entrada o salida como se muestra en la figura anterior. En estos tipos de PLC, se usa la notación de asterisco (**%I*** y **%Q***). Estos PLCs también usan una tabla de mapeo, la cual consiste en una lista de conexiones entre variables y las tarjetas físicas de entrada y de salida, donde es posible conectar las variables con dichas tarjetas.

6 Como nombrar las variables

Nombrar las variables (*tags*) es importante. En este capítulo, se repasarán las reglas y métodos para nombrar las variables de una forma adecuada.

Tanto los fabricantes de PLCs, como las empresas que los usan, e incluso dentro de la misma empresa, distintos departamentos, utilizan reglas de nomenclatura diferentes basadas a menudo en criterios diferentes y juicio propio. A continuación se detallan algunas guías y ejemplos para una mejor comprensión. Muchos programadores de PLC también tienen una visión y un criterio propios acerca de la precisión en el proceso del nombramiento de las variables. Lo más importante es un nombre de variable indicativo, seguido por un comentario en la posición donde la variable es creada.

Los nombres de las variables deben comenzar con una letra. Después del nombre, pueden contener combinaciones de letras, números y símbolos, tales como *_*.

Los nombres de las variables no deben tener los mismos nombres que las funciones predeterminadas, rutinas estándar o funciones definidas por el usuario. Nombres de variables tales como, **ARRAY**, **REAL** o **INT** son por lo tanto inválidos.

Requisitos del sitema PLC para nombrar las variables:

- Signos inválidos: ~ @ ; " # % & * : < > ? / \{ | },. SPACE, TAB
- Letras de idiomas locales como en idiomas danés: æ ø å Æ Ø Å o español: ñ
- Usar nombres indicativos cortos: Algunos PLCs permiten un max. de 24 letras
- Los nombres de las variables no deben empezar con un número
- Tener cuidado de no utilizar la letra O cerca de un número
- No hay diferencia entre usar minúsculas y mayúsculas (*lower/upper case*)

CONSEJO: al nombrar con varias palabras, se recomienda escribir primero el sustantivo y después el verbo.

Por ejemplo, **PumpRun**, donde *Pump* es el sustantivo y *Run* es el verbo. Si una palabra tiene dos sustantivos, empezar a nombrar por el componente más grande: p. ej., **PumpSensorError** o **TankSensorLevel**.

Existen 4 métodos para nombrar variables:

>**Hungarian Notation**
>**Camel Case**
>**Pascal Case**
>**Snake Case**

Hungarian Notation

Esta notación implica que las letras: i, s, ar, b, son insertadas para decirle al programador que tipo de datos está usando. Sin embargo, algunas situaciones desfavorables pueden ocurrir. Si en algún momento, la variable cambia a otro tipo de dato, los nombres de la variable deben cambiarse tanto en el código PLC como en la documentación correspondiente. Además, muchas de las herramientas de programación actuales, muestran el tipo de dato de la variable con una herramienta de ayuda (un pequeño recuadro amarillo aparece, cuando el puntero del ratón se sitúa sobre el nombre de la variable).

Ejemplos de letras usadas: x = BOOL, i = INT, l = REAL, ar = ARRAY, s = STRING, b = Bit, w= WORD, jw = DWORD, e= ENUM

Ejemplos:		
	iMotorSpeed	(Velocidad en un motor con el tipo de datos **INT**)
	bMotorAlarm	(Alarma en el motor definida como tipo **BOOL**)
	sMotorAlarm	(**STRING** que contiene un texto de alarma del motor)
	arMotors	(**ARRAY** con motores)

Camel Case

Este método usa nociones de Camel Case, donde la composición de los nombres comienza con una letra minúscula y las siguientes palabras se escriben con mayúsculas.

Ejemplos:		
	flowMeasureWarningBit	blowerStartBit
	motorSpeed	calculateError
	sensorHighSignal	motorInitFunction
	sensorLow	powerEstimated

Pascal Case

Este método usa nociones de Pascal Case, donde la composición de los nombres comienza siempre con una letra mayúscula.

Ejemplos:		
	FlowMeasureWarningBit	BlowerStartBit
	MotorSpeed	CalculateError
	SensorHighSignal	MotorInitFunction
	SensorLow	PowerEstimated

Este es probablemente el método más usado hoy en día, ya que resulta sencillo de leer, rápido de escribir, y crea la palabra más corta.

Snake case

En este método, el guión bajo se usa para diferenciar las palabras. Los guiones bajos son usados, ya que el signo <espacio> no es válido para nombrar en PLCs. La lectura de la variable puede resultar difícil cuando se usan guiones bajos con nombres de variables largos. Por otro lado, algunos tipos de PLC permiten un máximo de 24 signos en el nombre de una variable, lo que puede suponer un problema cuando el nombre de la variable es demasiado largo:

Ejemplos:
flow_measure_warning_bit	blower_start_bit
timer_done_bit	calculate_error
initial_motor_frequency	motor_init_function
sensor_high_signal	power_estimated

Una de las ventajas de utilizar Snake Case, se relaciona con el uso de las herramientas para la generación automática de TAGS/variables en listas-IO, dibujos de diagramas eléctricos, códigos PLC, y SCADA, ya que "_" puede ser fácilmente intercambiado por "." usando herramientas de búsqueda y reemplazo (*search-and-replace routines tools*).

Si se hace una abreviatura, usar solamente abreviaturas estándar, tales como **Cal** para calcular, **avg** para promedio o **Cmd** para comando.

Si las abreviaturas propias, o las específicas de una compañía son utilizadas, deben ir acompañadas de un comentario escrito en el código, o donde la variable sea creada. De lo contrario, puede resultar difícil para otros lectores entender lo que la abreviatura significa.

En el siguiente ejemplo, se observan dos ejemplos de código PLC idénticos, donde el Código Pascal y el Snake Case son usados para crear variables. ¿Qué código de PLC te resulta más sencillo de leer (el de la derecha o el de la izquierda)?

```
IF TankLevel >= EmptyLevel THEN
   ValveOpen:= TRUE;
   IF ValveError = TRUE THEN
      ValveOpen:= FALSE;
   END_IF;
END_IF;
```

```
IF tank_level >= empty_level THEN
   valve_open:= TRUE;
   IF valve_error = TRUE THEN
      valve_open:= FALSE;
   END_IF;
END_IF;
```

Elección del método

La elección del método por parte del programador, es a menudo una cuestión de actitud y juicio propio, la cual puede estar ligada al método que se haya utilizado anteriormente.

También es importante elegir palabras que tengan cierto significado para las variables. En el siguiente ejemplo se muestra la elección de un nombre para una variable, la cuál debe mostrar un estado para la bomba no.141:

Pump_Status_141, Status_141, P141_Status, Pump141Status, PumpStatus_141, P141S, ….

Pump141Status es la mejor opción, ya que el sustantivo va en primer lugar. El número de bomba (141), adecuado para el nombre, aparece después del sustantivo (Pump). Finalmente el verbo/acción/estado (Status). Además, Pascal Case se elige normalmente para nombrar variables, ya que crea nombres cortos fáciles de leer.

Variables iterativas, las cuales incluyen solo una letra, I, j, x, y, z, k o n (p. ej. contadores y circuitos) e índices/punteros en **ARRAY** se usan a menudo. Es más sencillo escribir una sola letra que escribir p. ej., ArrayIndex. A menudo x, y, z se usan en sistemas de coordenadas.

Variables tales como **Temp1** y **Temp2** pueden ser utilizadas como variables provisionales, que no deben usarse a menudo, ya que no son muy indicativas.

Variables con nombres conteniendo palabras tales como **New** o **Changed,** deben usarse con cautela, ya que a pesar de su nombre, no representan variables nuevas para el programador que corregirá el código más adelante.

Algunos programadores prefieren usar el tipo de dato, como una parte de la variable, p. ej., Int_Number_of_Run y Real_Initial_Temperature. Esta notación presenta un estilo parecido a la Hungarian Notation, y puede llegar a crear algunos nombres largos que pueden causar problemas, si el tipo de dato debe ser modificado más adelante.

Una buena práctica consiste en agregar un identificador delante de cada nombre de la variable, lo que facilita la identificación de las mismas en el código y en la documentación:

B8040_MotorSpeed   **S213_PumpAlarm**
B8041_MotorCurrent   **S101_PumpSpeed**
B8044_MotorPower   **S001_SoftwareVersion**

Los métodos anteriormente mencionados son para nombrar variables. Estos métodos también pueden ser usados para nombrar funciones, bloques de funciones y módulos de programa.

Algunos programas usan **fb** y **fc** delante de sus propias funciones y bloques de funciones:

fbCalculateArea	**fcArrayFindMin**
fcMotorStatus	**fcArrayFindMax**

Muchas funciones estándar y rutinas incorporadas no utilizan **fb** y **fc** a la hora de asignar nombres, lo que hace que sea difícil ser consistente.

Asignar nombres como B1, B2, B3, B4... es incorrecto, a menos que el nombre se utilice en la elaboración del problema (la especificación de los requisitos de control o descripción funcional).

A la hora de nombrar un **STRUCT** (sección 4.3, página 19) resulta conveniente agregar *TYPE* al nombre. De este modo resulta más fácil darse cuenta de que se está usando **STRUCT**.

Los textos de alarma, pueden ser ambos del tipo de datos **STRING**, los cuáles consisten en un texto y un **INT** si se trata de un número de alarma. Se pueden incluir muchos idiomas de interfaz de usuario en el panel de control, por lo que se pueden nombrar como se muestra a continuación:

sAlarmMotorLoad_DK	"Alarm motor overbelastet"
sAlarmMotorLoad_UK	"Alarm motor overload"
iAlarmMotorLoad	12004

Cuando se asignan nombres, muchas compañías dentro de la industria de procesos (industrias lácteas, cerveceras, farmacéuticas y petroleras) siguen el S88 estándar (ANSI/ISA-88). Este estándar indica un nombre dependiendo del tipo de sensor y la localización de la instalación. La asignación de nombres abarca la lista IO, la especificación del control, el programa PLC y documentos de prueba, lo cuál facilita la descripción general de las variables, el código PLC y la documentación. El uso del mismo nombre en todas las variables genera un código más preciso con menos errores.

Ejemplos:	FZ.MM01.UE01.PO3	FZ_MM01_UE01_PO3
	FZ.MM02.UE01.M01	FZ_MM02_UE01_M01
	FZ.MM02.UE01.TT01	FZ_MM02_UE01_TT01

PO3 es "Módulo de control", **UE01** es "Módulo de Equipamiento" y **MM01** es "Proceso de célula" de acuerdo a la asignación de nombres descrita en el S88 estándar.

6.1 Variables con unidad

Muchas variables deben tener una conexión a una unidad; de otra forma la variable carece de dimensiones. Si una variable p. ej., es creada para representar una temperatura, la temperatura debe estar en °C (grados Centígrados / Celsius) o °F (grados Fahrenheit, USA). Con el fin de facilitar el trabajo del programador, la unidad correcta puede ser informada agregándola a la variable. Una variable midiendo temperatura en grados centígrados puede p. ej. ser nombrada como **MeasureTemperatureC**, donde °C indica la unidad, la cuál puede ser observada en el comentario añadido donde la variable ha sido creada.

Ejemplos de otras variables (elegidas) que necesitan unidades:

Variable	Elección de posibles unidades
Tiempo, periodo #1)	us, s, seconds, minutes, hours, days, week, year
Velocidad	m/s, km/h, rpm, %, mph, mm/s, tf/s
Cantidad	kg, g, no., kr., dollars, pcs., liters, bottle, box
Peso	kg, pounds, lbs., g, tons, mg, %
Oxígeno	mg/l, %, g, l
Consumo	W, kWh, kr, l, kg, $, m, m2, m3, A, k/j, g, l/h

En algunos sistemas de control de PLC, es requisito que el mismo controlador de PLC sea capaz de cambiar las unidades cuando el consumidor lo desee. Especialmente si el mismo control de PLC se va a utilizar en un entorno global, p. ej. a la hora de indicar temperatura en °C o °F. Sirva como ejemplo, que es una práctica habitual, cambiar la unidad de los valores de temperatura en línea en la zona USA-Canadá.

La conversión entre °C y °F se puede hacer con una fórmula que se encuentra en internet. Aquí se muestra como calcular °F basado en una temperatura en °C:

```
VarF:= (VarC * 9/5) + 32;
```

Se recomienda el uso de unidades-SI, con los prefijos apropiados SI estándar.

La vista en las interfaces de usuario (Human-Machine Interface: HMI) y el registro de datos en archivos e informes, etc. deben incluir máx. 2 decimales. Si un valor se muestra con dos decimales en un HMI, este es a menudo escrito **%f5.2** en el campo de texto en el HMI. El **%f** significa un valor FLOAT (**REAL**) y **2** significa 2 dígitos después del punto, tal y como se muestra a continuación:

$$23.45\ [°F]$$

Las unidades son a menudo escritas entre corchetes para facilitar la lectura; p. ej., temperatura [°C]. Se recomienda el uso de paréntesis tanto en el HMI como en la documentación correspondiente.

Resulta una práctica común, el crear una función para la conversión entre diferentes escalas de temperatura, ya que un mismo código de PLC específico, se usará de forma continuada, así como por otros clientes. Un ejemplo de esto se muestra en la sección 10.3, página 75.

OBSERVACIÓN: Tiempo, período #1)

El tiempo puede ser una variable difícil de controlar en un PLC el cual se usa en un entorno internacional. Existen diferencias en cuanto al día del mes en el que los países cambian su horario de verano e invierno. También hay discrepancias en torno a si los domingos son el primer o el último día de la semana. Finalmente, existe una diferencia en torno a cuando empieza la semana no.1 en el calendario.

Ejemplos de variables teniendo unidades como parte del nombre:

    TemperatureC
    TemperatureF
    MotorSpeedHz
    MotorSpeedPercent
    ConsumptionW
    ConsumptionKWH
    MotorUseA

6.2 Variables con valor fijo (CONSTANT)

Durante el proceso de programación, variables fijas e intercambiables se indican como un valor constante (**CONSTANT**). Estas variables se usan para/con los mismos números, que se usan más de una vez en un mismo código PLC. Esto asegura que los números que adopten esta variable, puedan corregirse de forma simultanea en todo el programa.

- Los nombres de variable **CONSTANT** se escriben a menudo en letras MAYÚSCULAS.

¿Cuándo se debe crear una CONSTANT?

Si el código PLC debe ser multiplicado o dividido muchas veces, p. ej. por 25.4, el cuál es el factor de conversión entre milímetros y pulgadas, una constante debe ser definida. P. ej., **MILLIMETERS_PER_INCH** = 25.4, y se usa en todo el código PLC. Por otro lado, no es probable que el factor de conversión entre milímetros y pulgadas deba cambiarse. Si esto fuera así, 25.4 puede cambiarse fácilmente con la función "buscar y reemplazar". Además, requiere más tiempo escribir un texto largo, que escribir 25.4. Sin embargo, otros valores iguales a 25.4 pueden ser objeto de cambio cuando se usa la función "buscar y reemplazar", y las consecuencias son bastantes desafortunadas. Cuando se crean constantes con nombres, la consecuencia es un programa autoexplicativo, esto es, que se sobreentiende, ya que los nombres de las constantes contienen información valiosa para el entendimiento del código.

La definición de la longitud que va ligada a la creación de **ARRAY,** debe definirse siempre como constantes, ya que se usan repetidamente en el código PLC. Cuando la longitud de **ARRAY** cambia, todas las definiciones deben cambiar. De lo contrario se genera un programa inestable. La longitud de un **ARRAY** cambia cuando p. ej. se prueba un **ARRAY**. En la página 66 se muestra un ejemplo, donde **BufArrayMin** y **BufArrayMax** se crean como constantes y son usadas junto con un **ARRAY** llamado **BufArray**. Agregando *Min* y *Max* al nombre del Array, es mucho más fácil ver que todas pertenecen al mismo grupo.

Argumentos para usar constantes:

1) El PLC es más legible.
2) Evita errores cuando se cambian constantes y números.
3) Ahorra tiempo cuando se cambia un número.

Ejemplos usando constantes:
```
PI:=                    3.1415927
SECONDS_DAY:=           86400
```

7 MATEMATICAS Y LÓGICA

El siguiente capítulo trata sobre los operadores que se encuentran en la lógica y en las matemáticas, junto con las funciones matemáticas incorporadas en un control PLC.

7.1 Operadores aritméticos (+, -, *, /)

Tabla de operadores aritméticos ordinarios (símbolos matemáticos):

Operador	Explicación	Funciones	Ejemplos donde V1 = 2 V2 = 5	? Y =
+	Adición/ Suma	Y:= **ADD**(V1,V2);	Y:= V1 + V2;	7
-	Sustracción / Resta	Y:= **SUB**(V1,V2);	Y:= V1 – V2;	-3
*	Multiplicación	Y:= **MUL**(V1,V2);	Y:= V1 * V2;	10
**	Exponencial	Y:= **EXPT**(V1,V2);	Y:= V1 ** V2;	32
/	División	Y:= **DIV**(V1,V2);	Y:= V1 / V2;	0.4
MOD	Módulo	Y:= **MOD**(V1,V2);	Y:= V2 MOD V1;	1

Donde V1, V2, e Y pueden ser variables o números (números enteros o decimales).

Las funciones incorporadas **ADD**, **SUB**, **MUL**, **EXPT** y **DIV**, se pueden usar fácilmente. Sin embargo, en la programación con lenguaje ST, resulta más sencillo usar el signo mencionado en el campo del operador **(Operator)** en la tabla arriba mencionada, ya que es similar a las matemáticas ordinarias y al método usado en las fórmulas matemáticas y otros programas de cálculo.

No todos los tipos de PLC son compatibles con el operador ******.
Usar la función **EXPT** : C=(2^a-b)*a => C:=(2**a-b)*a; => C:=(**EXPT**(2,a)-b)*a;

Una gran ventaja de la programación en lenguaje ST, es que los cálculos matemáticos son similares a los métodos usados en los programas matemáticos, y consecuentemente, tanto el desarrollo de los cálculos como la resolución de problemas y la lectura de los mismos en el código PLC, resulta más sencillo.

Ejemplos de operaciones matemáticas pueden verse en las páginas 43 y 98.

A la hora de realizar cálculos, es importante elegir correctamente cada tipo de datos para cada variable. En la mayoría de los casos, un **REAL** será el más adecuado.

Si p. ej. **INT** se usa como tipo de dato, el cálculo puede generar en algunos casos un desbordamiento de variable, debido a que el tipo de datos puede ser demasiado pequeño o incorrecto. Esto se debe en parte a que algunos cálculos dan como resultado números con muchas cifras.

Esto se muestra en el siguiente ejemplo:

> Cálculo: **Y = V1**V2**, (Y = $V1^{V2}$)
>
> donde V1 = 10 y V2 = 10, resulta
>
> Y = 10000000000
>
> El valor Y no puede ser del tipo de dato INT

IMPORTANTE

Elegir un tipo de dato adecuado para el cálculo.

La elección de tipos de dato demasiado grandes (p. ej., **LREAL** o **LWORD**), implica un mayor uso de memoria, que se traduce en un consumo de recursos en el PLC mayor del necesario.

7.2 Operadores de relación (=, <, <=, >, >=, <>)

Para comparar la relación entre dos valores (números enteros o decimales) es posible el uso de operadores de relación. Los dos valores pueden ser variables o números. El resultado de la comparación es un valor, el cuál siempre tiene el tipo de dato Boolean (**BOOL**) y es por esta razón que solo puece ser **TRUE** o **FALSE** (**VERDADERO** o **FALSO**).

Los operadores de relación se muestran en la siguiente tabla:

Operador	Descripción
=	Igual, mismo
<	Menor que
<=	Menor o igual que
>	Mayor que
>=	Mayor o igual que
<>	Diferente

Ejemplo de uso:

```
HeaterOn := Temperature < SetPoint;
```

Los tipos de dato para **Temperature** y **SetPoint** son ambos **REAL**. La expresión puede ser usada si p. ej., una lámpara de calor tiene que ser encendida, si la temperatura es demasiado baja. **Temperature** puede ser medida por un sensor conectado a un módulo de entrada analógico. La temperatura a la cual la lámpara debe ser encendida, se establece en el **SetPoint**.

Explicación del ejemplo anterior:

HeaterOn será **TRUE**, si **Temperature** es más baja que **SetPoint.** Como la expresión **Temperature < SetPoint** resulta en una variable del tipo de dato **BOOL**, **HeaterOn** debe ser un tipo de dato **BOOL**. La variable **HeaterOn** puede ser conectada a un módulo de salida digital, el cuál cuando es **TRUE** activa una señal que enciende la lámpara de calor conectada.

Los operadores de relación son mayormente usados junto a la declaración **IF** (líneas de programación PLC con **IF** incluido), ver sección 9.1, página 53.

7.3 Operadores numéricos (funciones matemáticas)

Este capítulo describe las funciones matemáticas incorporadas en un PLC.

Las funciones matemáticas tienen por norma general un solo parámetro de entrada el cual es un número, típicamente un tipo de dato **INT** o **REAL**. Un parámetro de retorno de la función a menudo tiene que ser del tipo de dato **REAL**. Es importante asegurar que el parámetro de entrada es válido. No es posible p. ej., nombrar a la función **LN** con el valor 0, ya que matemáticamente carece de sentido (tiende a -infinito) y el controlador del PLC detiene la ejecución del programa (Error en el Tiempo de Ejecución).

Una ejecución correcta del programa puede llevarse a cabo como se indica a continuación, donde **x** es un parámetro de entrada, e **y** es el resultado del cálculo que involucra a la función **LN**:

```
IF x <> 0 THEN
   y:= LN(x);   //Only calculated if x is not zero
END_IF;
```

A contitnuación se muestra una tabla con las funciones matemáticas incorporadas en un PLC:

Función	Modo de operación (Ejemplo donde a = 2, b = 5, c = 8)
NEG	Cambia un número positvo a negativo y viceversa. Mismo que **a:= a * -1**;
INC	Contar 1 para arriba. Adiciona 1 al valor. Incrementa, **INC**(a) = 3. mismo que **a:= a + 1**;
DEC	Cuenta 1 para abajo, Disminuir. **DEC**(a) = 1. Mismo que **a:= a - 1**;
TRUNC	Convertir un valor **REAL** en un valor **INT**. El valor entero no se redondea. **TRUNC**(3.9) = 3 **TRUNC**(-2.5) = -2 El valor después del punto se elimina.
FRAC	El valor decimal de un número. **FRAC**(2.8) = 0.8, **FRAC**(-3.49) = - 0.49
ABS	Valor absoluto. La función asegura siempre un valor positivo. **ABS**(-1.2) = 1.2 **ABS**(3.4) = 3.4 **ABS**(-3) = 3
FLOOR	Para valores positivos, el valor devuelto es menor o igual al de entrada. Para valores negativos, el valor devuelto es mayor o igual al de entrada. **FLOOR**(2.8) = 2 **FLOOR**(-2.8) = -3

IEC 61131-3 y método óptimo de programación ST

Función	Modo de operación (Ejemplo donde a = 2, b = 5, c = 8)
SQR	Cuadrado. Esta función calcula x^2, elevando a la potencia de 2. **SQR**(4) = 16 lo mismo como x * x, (x multiplicando x)
SQRT	Esta función calcula la raíz cuadrada. **SQRT**(4) = 2, **SQRT**(9) = 3
LN	El logaritmo natural. **LN**(2.71828) ≈ 1 (el signo de ola significa aprox.)
LOG	El logaritmo natural con base 10. **LOG**(10) = 1.
EXP	Función exponencial. Mismo que e^x o e^x, e = 2.718281828
SIN	Función seno. **SIN**(a) = 0.35 (GRAD) **#1)**
COS	Función coseno. **COS**(a) = 0.99939 (GRAD) **#1)**
TAN	Función tangente. **TAN**(a) = 0.03492 (GRAD) **#1)**
ASIN	Función arco seno. Función seno inversa. $SIN^{-1}(x)$ Sinh(x). **#1)**
ACOS	Función arco coseno. Función coseno inversa $COS^{-1}(x)$, cosh(x). **#1)**
ATAN	Función arco tangente. Función tangente inversa $TAN^{-1}(x)$, tanh(x). **#1)**
EXPT	Exponenciación de una variable con otra variable. a^b = **EXPT**(a,b) = 2^5 = 32

Todas las funciones anteriores son normalmente incorporadas en un PLC, es decir, funciones las cuáles pueden ser usadas sin adicionar una biblioteca de programación extra (*add-ons*) o módulos de programa. Pequeñas variaciones en las funciones, pueden ocurrir en función del tipo de PLC. Es siempre recomendable leer el manual de instrucciones de cada PLC, con el fin de obtener una visión general y ver cuales son las posibilidades para funciones matemáticas y rutinas.

Recuerda verificar los tipos de dato variables para cada función matemática individual, con el fin de usar la correcta.

#1) Para calcular entre radianes (RAD) y gradianes (GRAD) ir a la página 49.

7.4 Operadores lógicos (AND, OR, XOR, NOT)

Los operadores lógicos son usados para comparar dos variables o valores **BOOL** diferentes. El resultado de la comparación es un valor, el cuál siempre tiene el tipo de datos boolean (**BOOL**), y por lo tanto, solo puede ser **TRUE** o **FALSE**.

A continuación, se detallan los posibles operadores con una serie de ejemplos:

Operador	Descripción	Ejemplo S1:= TRUE, S2:= FALSE S3:= TRUE	Resultado
&	Mismo que **AND**, solo **TRUE** si ambos valores son **TRUE**	K1:= S1 **&** S2 K2:= S1 **&** S3	K1 = FALSE K2 = TRUE
AND	And, Resultado es **TRUE** si ambos valores son **TRUE**	K1:= S1 **AND** S3 K2:= S1 **AND** S2	K1 = TRUE K2 = FALSE
OR	OR, **TRUE** si un valor es **TRUE**	K1:= S1 **OR** S2 K2:= S1 **OR** S3	K1 = TRUE K2 = TRUE
XOR	El resultado es **TRUE** si los valores no son iguales	K1:= S1 **XOR** S2 K2:= S1 **XOR** S3	K1 = TRUE K2 = FALSE
NOT	not, **TRUE** resultado en **FALSE** **FALSE** resultado en **TRUE**	K1:= S1 **AND NOT** S2 K2:= **NOT** S1 K3:= **NOT** S2	K1 = TRUE K2 = FALSE K3 = TRUE

La lógica es mayormente usada en conexión con declaraciones **IF**, tal y como se describe en la página 53.

AND puede ser usado en componentes conectados en serie (sensores/contactores/interruptores), donde todos los componentes deben dar una señal ON, para que la expresión total sea **TRUE**.
OR puede ser usado en componentes, conectados en paralelo, donde todos los componentes deben dar una señal ON, para que la expresión total sea **TRUE**.

Los operadores lógicos solo pueden ser usados directamente en valores binarios, tal y como se muestra a continuación:

```
Var1 := 2#10010011 AND 2#10001010;   // Var1 = 2#10000010
```

```
Var2 := Var1 OR 2#10001010;   // Var2 = 2#10001010, DEC138
```

7.5 Lógica, fórmulas matemáticas y paréntesis ()

Es importante tener en cuenta como se calculan las fórmulas matemáticas en un controlador PLC. Si tienes duda de cómo se calculan los valores – ¿es la suma la primera acción que se realiza en una ecuación, o es la multiplicación? – todo depende de dónde colocar los paréntesis.

> Las reglas matemáticas dicen que la multiplicación se realiza antes que la suma, pero la experiencia demuestra que no se puede estar 100% seguro, de que las reglas matemáticas sean respetadas en un PLC o que la fórmula se haya escrito correctamente en el código PLC. Es por esto que se recomienda usar paréntesis.

Si la fórmula matemática contiene expresiones Bool como p. ej., **AND** u **OR**:

```
X:= B1 OR B2 AND B3;
```

Entonces **AND** se lee como "multiplicar" y se calcula primero. **OR** se lee como 'plus'.

Significa: si el valor **B2** es **FALSE**, entonces la expresión (**B2 AND B3**) es **FALSE**.

Si tienes duda del resultado, entonces usas paréntesis como se muestra abajo:

```
X:= B1 OR (B2 AND B3);
```

El siguiente ejemplo es esta fórmula:

$$V1 = \frac{V2}{V3} + \sqrt{(V4 + V5)}$$

La fórmula puede ser escrita en el código PLC usando un paréntesis extra:

```
V1:= (V2/V3) + (SQRT(V4 + V5));
```

SQRT es la función matemática en un PLC para calcular la raíz cuadrada. La función tiene solo un parámetro de entrada. **V4** y **V5** son agregados, antes de llamar a la función.

8 Trabajando en la asignación de variables

Las variables presentan gran relevancia en programación. En este capítulo, se revisarán algunas de las bases, y lo que debe ser tomado en consideración cuando se trabaja con variables. En algunos PLCs las variables reciben el nombre de **tags** o **PLC tags**.

> **Definición:** Una variable apunta a un recuadro en la memoria que contiene un lugar, en el cual un valor numérico puede ser escrito. El tamaño del recuadro depende del tipo de dato, el cual es muy importante recordar.

A continuación se muestra que una variable de nombre **VarA** obtiene una copia del número, el cual existe en la variable **VarB**.
Observar el uso de los signos **:=** y **;** (dos puntos y punto y coma)

```
VarA:= VarB;
```

Subsecuentemente **VarB** puede dar un valor de 17.6:

```
VarB:= 17.6;
```

El punto (.) se usa siempre en un PLC, cuando trabajamos con números decimales. Ambas variables, **VarB** y **VarA,** tienen el tipo de dato **REAL** (**REAL** se usa para dígitos decimales).

Si el tipo de datos para **VarB** es un **INT** (entero), es normal que el compilador (el programa en el cual el código PLC está escrito) advierta que los datos se perderán, ya que el número que se intenta escribir en **VarB** es un número decimal (17.6). Esto se debe al hecho de que si la variable **VarB** se crea con el tipo de datos **INT** (entero), solo puede contener un entero.

Cuando se trabaja con variables en programación ST, los cálculos son simples y sencillos. A continuación, se muestra un cálculo escrito directamente en código PLC:

```
VarB:= 17.6 * 8 + VarA;
```

Si el contenido de la variable **VarA** es 23, entonces el contenido de **VarB** es 163.8

En el siguiente recuadro se muestra la variable **Count**, la cual incrementa 1 en cada escaneo del programa (1 es sumado al valor anterior). La ejecución del programa tiene una variable interna para cálculos (llamado Stack/Accumulator) y hace una copia de la variable **Count**, sumandole 1, y devolviendo el nuevo valor a **Count**:

```
Count:= Count + 1;
```

Si **Count** es del tipo de datos **INT**, se ha de tener en cuenta que cuando **Count** alcance el valor 32767, entonces cambiará a -32768 en el siguiente escaneo del programa. Es tarea del programador asegurarse de que no se produzca una saturación en una variable. Existen dos métodos para hacer esto: O se usa una variable grande para **Count,** p. ej. **DINT**, o se reduce el contador con una condición (declaración **IF**, ver página 53), asignando el valor 0 cuando el número es grande.

El último método es más apropiado, ya que impide que una variable se pueda saturar:

```
Count:= Count + 1;
IF Count > 99 THEN //To avoid overrun
   Count:= 0; //Reset counter
END_IF;
```

Como se muestra arriba, **Count** adiciona 1 en cada escaneo del programa. Si el tiempo de escaneo del PLC es 1 [ms], el PLC tardará 100 [ms] antes de que **Count** se reinicie a 0.

CONSEJO El contador anterior se puede usar fácilmente como un programa *Heartbeat*, por lo tanto, es posible ver una actividad en el programa de PLC en ejecución.

Existen las siguientes funciones de conteo integradas: **CTU**, **CTD** y **CTUD**. Ver sección 12.3, página 88.

8.1 Desafío en los cálculos matemáticos

Las matemáticas y los cálculos que involucran fórmulas, son fáciles y sencillos de ejectuar con la programación ST. Es una de las grandes ventajas del lenguaje ST si lo comparamos con otros lenguajes de programación PLC. Sin embargo, existen un gran número de consideraciones, las cuáles deben tenerse en cuenta cuando se trabaja con funciones matemáticas y fórmulas:

- Dividido entre 0 (sección 8.2, página 46)
- Calculando con **INT** y **REAL** (sección 8.3, página 47)
- Errores decimales con **REAL** (sección 8.4, página 48)

© 2020 Tom Mejer Antonsen

8.2 Dividido entre cero

Un PLC lee los datos de diferentes sensores y pueden ser cero. Un medidor de temperatura en una oficina, p. ej., puede mostrar 20 grados centígrados, pero si sacamos dicho medidor al exterior, la temperatura puede descender a cero, lo que puede crear problemas. Esto se muestra a continuación, donde **VarC** es igual a **VarA** dividido entre **Temperature**:

```
VarC:= VarA / Temperature;
```

Si **Temperature** se vuelve cero, el PLC va a recibir un error en el tiempo de ejecución y/o se vuelve inestable, ya que se trata de una operación matemática que carece de sentido.

Para asegurar que el PLC no reciba un error en el tiempo de ejecución en ningún momento y minimizar el riesgo de que ocurran errores a posteriori, el código PLC arriba mencionado puede cambiarse del siguiente modo:

```
//Insure temperature is not zero when calculating
IF Temperature <> 0 THEN
   VarC:= VarA / Temperature;
END_IF;
```

Por lo tanto, el cálculo solo se lleva a cabo si **Temperature** es distinta de cero (La señal del operador **<>** significa diferente de / no igual. Ver sección 7.2, página 39.

Otra posibilidad de asegurar que el cálculo no tenga lugar cuando **Temperature** es cero, es la siguiente solución:

```
//Insure temperature is not zero when calculating
IF Temperature = 0 THEN
   Temperature:= 0.0001;
END_IF;

VarC := VarA / Temperature;
```

OBSERVACIÓN:
Estas funciones matemáticas no pueden tolerar que **x** sea cero: **LN** (x) y **LOG** (x).

8.3   Cálculos usando REAL e INT

Los cálculos se pueden llevar a cabo tanto con valores enteros (**INT**), como con valores decimales (**REAL**). Si el cálculo implica el promedio de dos enteros, debe elegirse cuidadosamente el tipo de variable con el que vamos a trabajar. En el siguiente ejemplo, todas las variables son del tipo **INT** (el recuadro muestra el valor dentro de la variable en modo depuración):

```
24      varA[ 10 ] :=10;
25      varB[ 15 ] :=15;
26      VarC[  0 ] :=VarA[ 10 ]/VarB[ 15 ];
```

El resultado es que **VarC** será cero, ya que **VarC** es un entero. El cálculo mostrado es una división entre dos enteros, resultando en un valor decimal (10 dividido entre 15 no da como resultado un entero, sino 0.67). Para que el cálculo tenga éxito, el cálculo debe realizarse con una variable **REAL**. El cálculo en un PLC se lleva a cabo usando el tipo de datos que proporciona la primera variable en la fórmula/cálculo. En este ejemplo se trata del tipo de dato de **VarA**. A la hora de realizar el cálculo, el PLC no tendrá en cuenta el tipo de dato de **VarC** el cual es un **REAL**.
Sin embargo, **VarC** debe ser un **REAL**, porque de otra forma el resultado no puede ser guardado (no es posible guardar un **REAL** en un **INT**).
Como VarC presenta un tipo de dato **REAL**, la solución para asegurar un resultado correcto es que **VarA** sea copiado a **VarC**, que es del tipo **REAL**. El cálculo se realiza internamente en una variable **REAL** como se muestra a continuación:

```
varA[  10   ] :=10;
varB[  15   ] :=15;
VarC[ 0.667 ] :=VarA[ 10 ];
VarC[ 0.667 ] :=VarC[ 0.667 ]/VarB[ 15 ];
```

En vista de lo mostrado anteriormente, se recomienda verificar si el cálculo muestra el resultado esperado, ya que los cálculos en un PLC pueden ser incorrectos con respecto a cálculos de verificación obtenidos en calculadoras, programas de cálculo y similares. Se recomienda por tanto el uso de calculadora o de un programa matemático para hacer cálculos de control.
En algunos tipos de PLC, los cálculos se realizan en un acumulador (ACC), donde los valores deben ser copiados a y desde. Sin embargo, las mismas reglas explicadas anteriormente son también validas.

8.4 Errores decimales de REAL

Cuando se hacen cálculos con **REAL**, se puede dar el caso de que un valor no resulte un número redondeado. Uno podría esperar que el valor para una variable es un número redondeado como p. ej., 11. Sin embargo, este número es 10.999999. Esto se debe a que una computadora puede trabajar solo con enteros, y un valor **REAL**, es un valor ajustado. Esto puede crear un problema al comparar números. Esto se muestra a continuación, donde una variable **Lamp1** debe adoptar el valor **TRUE**, cuando la variable **Sensor1** = 11:

```
IF Sensor1 = 11 THEN
   Lamp1:= TRUE;
END_IF;
```

No hay garantía de que este código PLC se ejecute correctamente. Esto es debido a que un error decimal que tiene como consecuencia que el **Sensor1** nunca llegue a ser 11, puede llegar a ocurrir. El código anteriormente mostrado debe cambiarse al código que se muestra a continuación, donde el valor registrado por **Sensor1** debe abarcar un cierto rango, en lugar de un único valor específico. El rango podría ser entre 10.99 y 11.01:

```
IF (Sensor1 > 10.99) AND (Sensor1 < 11.01) THEN
   Lamp1:= TRUE;
END_IF;
```

Como alternativa, se pueden utilizar las funciones de redondeo **FLOOR**() o **TRUNC**(). Ver capítulo 7.3, página 40.

Es posible implementar una función de redondeo:

1) Multiplicar el valor del sensor por 10
2) Convertir el valor **INT** a una variable con la función: **REAL_TO_INT**();
3) Convertir de vuelta a una variable **REAL** con la función **INT_TO_REAL**();
4) Dividir el valor entre 10

Los problemas a la hora de redondear pueden, p. ej., darse en un motor cuando no está totalmente en ralentí, ya que la velocidad no es exactamente 0 (cero). Otro ejemplo podría darse cuando un tanque está vacío, pero el nivel que el sensor muestra es un valor pequeño cercano a cero. Por último, un medidor de flujo también puede mostrar un valor pequeño con la instalación parada. Aunque en este caso, también podría relacionarse con la falta de calibración (posición cero) del propio instrumento.

8.5 Variables de comunicación de datos

A menudo existe la necesidad de transferir variables a otras computadoras, que son parte de la solución de automatización total. Esta sección describe problemas con la comunicación de datos, los cuales requieren atención.

Pueden ocurrir problemas cuando variables **REAL** son transferidas a otros PLCs, PCs, aparatos eléctricos o instrumentos de automatización. Esto sucede debido a diferentes interpretaciones de cómo un valor **REAL** o FLOAT es definido en diferentes computadoras. (Una computadora solo trabaja con enteros). Esto también puede suceder por el uso de diferentes versiones de programación o que sistemas de 16, 32, 64, 128-bits entienden de forma diferente un **REAL** y un FLOAT. Este problema se resuelve transfiriendo siempre los valores en comunicación de datos como enteros. Los valores pueden entonces ser multiplicados por 100, para obetener valores con dos decimales, y el receptor debe dividirlo entre 100 para obtener los valores decimales correctos con dos decimales.

Transferir **STRING** entre computadoras puede presentar un reto. Esto puede suceder debido a diferentes formas de operación e interpretación de **STRING**. Pueden ser diferentes tamaños de bits, Unicode, la elección de ASCIIs, los que crean los retos. Además, la longitud de un **STRING** es indicada en la posición cero en algunos lenguajes de programación. Si un **STRING** es convertido a un **BYTE**, entonces es "sencillo" transferir los datos.
Se recomienda siempre empezar obteniendo una comunicación de datos leyendo **WORD**. Recuerda que algunas computadoras tienen intercambiados los valores **WORD** (los 8 bits más bajos son intercambiados por los 8 bits más altos) y recuerda también que, si un valor comienza con **0X**, es un valor HEX.
En algunos PLCs, un **BOOL** llena 16 bits y por lo tanto puede ser también un **INT**.

8.6 Funciones de conversión de tipos de datos

Si se necesita transferir el contenido de una variable con un solo tipo de dato, a una variable con otro tipo de dato, se pueden utilizar muchas funciones incorporadas. Algunos tipos de PLC tienen más de 100 funciones de conversión diferentes para los diferentes tipos de datos. El nombre y el tamaño de las funciones son los siguientes:

        Type1_TO_Type2 (ConvertFrom);
Donde
        Type1 es la copia del tipo de dato (Tipo de datos **ConvertFrom**).
        Type2 es el tipo de dato convertido

Tabla con funciones de conversión de datos elegidas:

Función	De	A	Ejemplo	Comentarios
REAL_TO_INT	REAL	INT	Val:= REAL_TO_INT(1.6); \\Val = 2 Val:= REAL_TO_INT(1.3); \\Val = 1	Redondeando al entero más cercano (IEC60559) **Val** es un **INT**
INT_TO_REAL	INT	REAL	Val1:= INT_TO_REAL(4); \\Val1 = 4.0	**Val1** es un **REAL**
INT_TO_BOOL	INT	BOOL	Val2:= INT_TO_BOOL (1); \\Val2 = TRUE Val2:= INT_TO_BOOL (0); **Val2 = FALSE**	1 es convertido a **TRUE** 0 es convertido a **FALSE** **Val2** es un **BOOL**
INT_TO_TIME	INT	TIME	Val3:= INT_TO_TIME (5); \\Val3= T#5ms Val3:= INT_TO_TIME (60); \\Val3= T#60ms	Convierte un valor entero en una variable con el tipo de datos **TIME** con la resolución en [ms]. **TIME** solo se puede convertir a un valor entero porque **TIME** es un valor contador que cuenta desde 00:00:00 UTC [#1]
RAD_TO_DEG DEG_TO_RAD	LREAL	LREAL		Convierte entre radianes (RAD) y gradianes (GRAD). Usado junto con las funciones de **SIN** y **COS**

La función **REAL_TO_INT** debe usarse cuando se vaya a convertir una variable **REAL** (valor decimal) en una variable **INT**. Ver primera fila en la tabla anterior.

Es importante asegurarse de que el valor *pueda* ser convertido, ya que de suceder un error, detendría la ejecución del programa, o podría crear un programa inestable.

#1) DATE se convierte por un circuito electrónico interno, que es parte del hardware en un PLC. Este circuito cuenta el tiempo en segundos de 00:00:00 UTC 1.1.1970 (Tiempo universal coordinado, reloj atómico). Hay que tener en cuenta que el próximo Y2K aparece en el año 2038.

8.7 Encontrar valores binarios en un entero (Masking bit)

En algunos casos es necesario convertir un valor entero en un valor binario, con el fin de controlar si un bit específico en una variable se establece como TRUE. Este procedimiento se usa normalmente cuando diferentes salidas digitales (p. ej. lámparas) se establecen a partir de un valor entero.
Este procedimiento recibe el nombre: Enmascarar el dígito binario de un entero.

Esto se puede llevar a cabo de un modo sencillo: Usando un punto y un dígito (Posición de bit no. 0) después de la variable, como se muestra a continuación:

```
MyUINT:= 3;        //Unsigned INT datatype. The BIN value is 2#0011
MyBOOL2 := MyUINT.0; //Get bit 0 from MyUINT value
```

MyBOOL2 (tipo de dato **BOOL**) es **TRUE**, porque la posición 0 en **MyUINT** es el primer bit, que es 1 en un valor que es 3.

Lo anteriormente explicado se puede escribir como sigue:

```
MyUINT4:= MyUINT AND 2#001;  //Where MyUNIT = 3 = 2#0011
MyBOOL:= UINT_TO_BOOL (MyUINT4); // Convert to a BOOL
//Result is that MyBOOL is TRUE
```

Donde **AND** puede ser usado para enmascarar un bit en la posición no. 0. Cada bit en los dos valores **MyUINT** y **2#001** son "multiplicados binariamente", y si el resultado es 1, el resultado final será **TRUE**. Cuando '2#' se sitúa delante de un valor, significa que el valor debe ser interpretado como un dígito binario. Ver sección 4.1, página 14.

Si resulta necesario que el resultado sea una variable con un tipo de dato **BOOL**, deberá usarse la función de conversión **UINT_TO_BOOL**.

A continuación se muestra un ejemplo, donde se usa una variable llamada **Var1** para establecer diferentes bits de salida. La variable **OutPutBitX** adoptará el valor **TRUE**, si un valor binario es 1 en **Var1**:

```
OutPutBit1:= Var1 = 2#00001; //TRUE if Var1 = 1
OutPutBit2:= Var1 = 2#00010; //TRUE if Var1 = 2
OutPutBit3:= Var1 = 2#00100; //TRUE if Var1 = 3
```

Controles PLC con Texto Estructurado (ST)

8.8 Convertir REAL en 2 decimales (REAL con 2 dígitos)

Si un valor **REAL** es convertido a un **STRING** y leído en HMI (Interfaz de usuario) o escrito a un archivo ACSII, el valor incluirá a menudo de 7 a 9 dígitos. Muchos dígitos no son legibles ni sencillos de usar. Sin embargo, se trata de un procedimiento mediante el cual una computadora puede manejar un dígito decimal. Un tipo de dato **LREAL** tiene 15 dígitos.

El siguiente método, convierte el valor **RealNumber** en un dígito con dos decimales. Si se requieren 3 decimales, la constante **DecimalFactor** debe ser 1000:

```
VAR CONSTANT
    DecimalFactor: REAL:= 100; //10 for 1 digits, 100 for 2 digits, 1000 for 3 digits
    RealNumberBegin: REAL:= 50.7172;
END_VAR
VAR
    INTNumber: INT;    RealNumber: REAL;
END_VAR
```

```
RealNumber:= RealNumberBegin;
IF DecimalFactor > 0 THEN //Avoid division by zero (0)
    RealNumber:= (RealNumber * DecimalFactor) + 0.5; //+ 0.5 to round up   #1)
    INTNumber:= REAL_TO_INT(RealNumber);      // Convert to integer   #2)
    RealNumber:= INT_TO_REAL(INTNumber);      // Convert to decimal   #3)
    RealNumber:= RealNumber/DecimalFactor;    // Add decimal           #4)
END_IF;
```

DecimalFactor es un **CONSTANT**, porque es usado más de una vez en el código PLC.

Un ejemplo de cálculo, donde 50.7175 es convertido a 50.72:

#1) (50.7175 * 100) + 0.5 = 5072.25
#2) REAL_TO_INT (5072.25) = 5072 (valor entero)
#3) INT_TO__REAL (5072) = 5072 (valor decimal)
#4) 5072/100 = **50.72**

IMPORTANTE
El redondeo debe realizarse al finalizar los cálculos ya que omite cierta información. Además, solo deberá realizarse si el valor debe mostrarse al usuario:

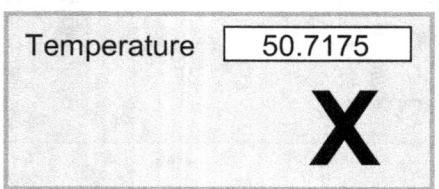 

9 Declaración (sentencia) condicional

El siguiente capítulo consiste en los conceptos de declaración generales en ST. En las descripciones de formato generales, **<Condition>** y **<Statement>,** deben reemplazarse por variables, expresiones y código PLC.

9.1 IF-THEN-ELSE

Una declaración/sentencia IF-THEN-ELSE – o una frase – es la expresión más usada en programación ST.

Una sentencia **IF** p. ej., puede usarse para controlar si un sensor digital muestra una señal (p. ej., un contacto de inicio eléctrico, un interruptor ON/OFF o un contacto de nivel en la bomba de un pozo). Si el sensor digital muestra una señal, esto conlleva una acción, p. ej., arrancar una bomba, o encender una lámpara. Una sentencia **IF** puede usarse para señales de entrada tanto analógicas como digitales. Además, la sentencia **IF** puede usarse también para variables internas.

El formato general de la declaración condicional **IF** es el siguiente:

```
IF <Condition> THEN
    <Statement>
END_IF;
```

Donde:

<Statement> = Puede contener una o más líneas de código PLC, siempre terminadas con **END_IF** y punto y coma.

<Condition> = Una expresión siempre es **TRUE** o **FALSE**. Si la expresión es verdadera (true), el código PLC en <Statement> se ejecuta.

La línea <Condition> puede ser p. ej., una señal de entrada de un sensor/contacto eléctrico, y la línea <Statement> puede ser una señal de salida para encender/apagar una lámpara.

La sentencia **ELSE** puede ser añadida a la expresión:

```
IF <Condition> THEN
   <Statement>
ELSE
   <Statement1>
END_IF;
```

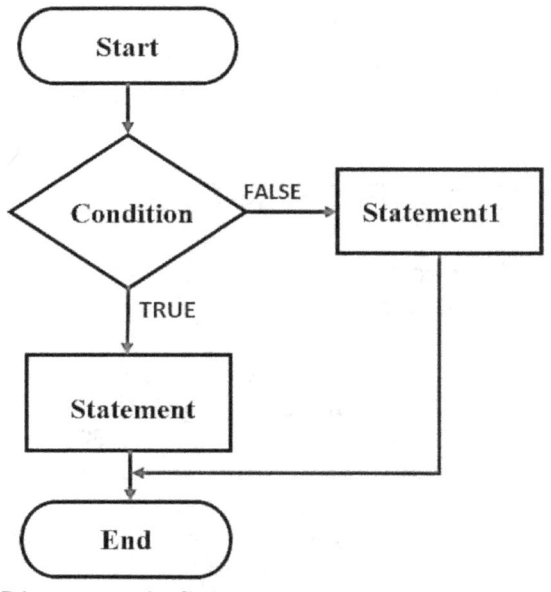

Como se puede ver, la parte **ELSE** es opcional. Observa que las líneas que incluyen **<Statement>** estan tabuladas (2 espacios en blanco) para que la expresión completa sea más legible.

*Diagrama de flujo de la declaración **IF-ELSE***

El modo de operación es como sigue:

Si **<condition>** se cumple (**TRUE**), el código PLC en **<Statement>** se ejecuta.

Si **<condition>** *no* se cumple (**FALSE**), el código PLC en **<Statement1>** se ejectua.

OBSERVACIÓN: Si la sección **<Condition>** contiene dos puntos "**:=**", el programa comprobará si la variable se ha asignado de forma satisfactoria. ¡Sin embargo, esta no suele ser la intención!
Por lo tanto, recuerda que el signo "**=**" debe permanecer solo como se muestra:

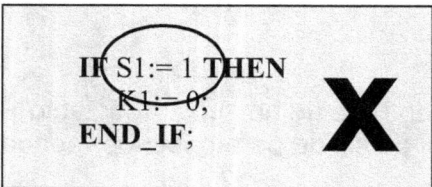 X

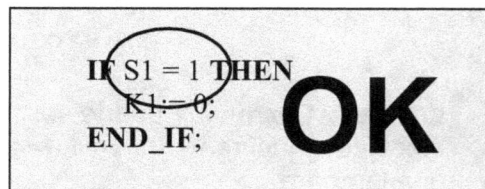 OK

Es posible crear un estado más complejo:

```
IF <Condition1> THEN
   <Statement1>
   IF <Condition2> THEN
      <Statement2>
   ELSE //<Condition2>
      <Statement3>
   END_IF; //End the <Condition2>
ELSE
   <Statement4>
END_IF;  //End the <Condition1>
```

La ejecución de esta declaración se explica a continuación:

El código PLC en **<Statement1>** se ejecuta, si **<Condition1>** es **TRUE**. Después de que **<Statement1>** se halla ejecutado, **<Condition2>** se verifica, y si es **TRUE**, **<Statement2>** se ejecuta; si es **FALSE**, **<Statement3>** se ejecuta. Si **<Condition1>** es **FALSE**, entonces **<Statement4>** se ejecuta.

¡Pero ten cuidado, porque pronto será más complejo con muchos **ELSE**!

IMPORTANTE

Si existen muchas (más de 3) declaraciones **IF-THEN-ELSE**, el código PLC puede ser difícil de leer. Una sentencia **CASE** (sección 9.2, página 58) puede reemplazar declaraciones **IF** complejas, con el fin de incrementar la legibilidad del código.

También minimiza la posibilidad de cometer errores en declaraciones complejas **IF-THEN-ELSE**, cuando otros programadores corrigen/añaden texto en el código PLC.

Además, la cantidad de líneas en el código PLC se reduce significativamente, cuando muchas declaraciones idénticas **IF** son reemplazadas por un **CASE**. Se pueden llegar a conseguir reducciones de más del 50 % en la cantidad de líneas del código PLC cuando se usa **CASE**. Ver página 61.

Controles PLC con Texto Estructurado (ST)

Es posible añadir una sentencia **ELSIF** para controlar más condiciones:

```
IF <Condition1> THEN
   <Statement1>
 ELSIF <Condition2> THEN
   <Statement2>
   ELSE
   <Statement3>
END_IF;
```

La ejecución de esta declaración se explica a continuación:

El código PLC en **<Statement1>** se ejecuta si **<Condition1>** es **TRUE**. Si **<Condition1>** es **FALSE**, la **<Condition2>** está controlada, y si es **TRUE**, se ejecuta el código PLC en **<Statement2>**. Si no se cumplen **<Condition1>** o **<Condition2>**, el código PLC en **<Statement3>** se ejecuta.

Se recomienda el uso de sentencias **CASE** en lugar de **ELSIF**.

9.1.1   EJEMPLO: IF-THEN-ELSE como enclavamiento del relé

Este ejemplo muestra un motor controlado por un enclavamiento del relé (enganche). Un enclavamiento del relé mantiene su estado después de ser activado. También llamdo *keep*, o *stay relay*.

Existe un contacto de encendido con una variable llamada **B1Start**, la cual tiene el tipo de dato **BOOL**. Se trata de un contacto **N**ormalmente **A**bierto (NO). Además, existe un contacto de parada o stop llamado **B1Stop** con el tipo de dato **BOOL**, el cual se encuentra **N**ormalmente **C**errado (NC):

```
IF  B1Start THEN          //Normally Open (NO)
   K1Motor:= TRUE;        //run motor
END_IF;

IF  NOT B1Stop THEN       //Normally Close (NC)
   K1Motor:= FALSE;       //Stop Motor
END_IF;
```

Cuando el contacto **B1Start** se activa, **K1Motor** adopta el valor **TRUE** y el motor arranca. **K1Motor** se fija como **TRUE**, aunque **B1Start** no se haya activado. El tipo de datos para **K1Motor** es **BOOL**. Si se activa **B1Stop**, **K1Motor** adopta el valor **FALSE** y el motor se detiene. **NOT** se escribe antes de **B1Stop** ya que la señal **B1Stop** está físicamente cortocircuitada en el contacto eléctrico y por lo tanto se suele adoptar el valor **TRUE** (equivale a señal positiva) en el módulo de entrada digital.

9.1.2 EJEMPLO: IF-THEN-ELSE válvula abierta y cerrada

El siguiente ejemplo de código PLC verifica la alarma de una bomba y la presión con relación a un valor de consigna:

```
IF  ((PumpAlarm = TRUE) AND (PumpPressure > PumpSetPoint)) THEN
   PumpValveOpen:= TRUE;   //Open value
ELSE
   PumpValveOpen:= FALSE; //Close valve
END_IF;
```

Si la sentencia **IF** encerrada en el rectángulo blanco discontinuo es **TRUE**, **PumpValveOpen** adopta el valor abierto, de lo contrario, la válvula se cierra. **PumpAlarm** puede ser una entrada digital con un tipo de dato **BOOL**. **PumpPressure** es una variable con un tipo de dato **REAL**, la cual puede adoptar un valor que puede ser ajustado por el usuario, p. ej., a través de un panel de control (HMI).

El ejemplo del código PLC anterior se puede reescribir:

```
PumpValveOpen:= FALSE;   //#1 Note

IF (PumpAlarm = TRUE) AND (PumpPressure > PumpSetPoint) THEN
   PumpValveOpen:= TRUE;   //#2 Note
END_IF;
```

Esta variación implica una línea menos y es más sencillo de leer para algunos programadores.

OBSERVACIÓN: Los valores solo se mueven a los módulos de salida cuando **todos** los códigos PLC son ejecutados (escaneo del programa). Esto implica que la válvula conectada no se cerrará (**#1**) y abrirá (**#2**) instantáneamente de nuevo.

Una tercera variante aun más sencilla, se puede reescribir como sigue:

```
PumpValveOpen:= PumpAlarm AND (PumpPressure > PumpSetPoint);
```

¡La variable ValveOpen se establece TRUE o FALSE sin usar un estado **IF**!

9.2 CASE

CASE es una sentencia que se usa cuando diferentes eventos son llevados a cabo basados en una sola variable. **CASE** resulta útil cuando estados **IF** se vuelven demasiado complejos.

CASE también resulta muy útil con controles de secuencia (estado de la máquina). Se utiliza a menudo cuando p. ej., una máquina presenta diferentes posiciones según su modo de operación (p. ej., STOP, STARTING, RUN, STOPPING). Aplicado a un proceso en una industria láctea sería NONE, CREAM, WHOLE_MILK, WATER_FLUSH.

Un estado **CASE** tiene el siguiente formato:

```
CASE <Condition> OF
  <SelectorValue1>: <Statement1>;
  <SelectorValue2>: <Statement2>;
  <SelectorValue3>: <Statement3>;
  . . .
ELSE
  <SelectorValueELSE>
END_CASE;
```

Modo de operación:

La variable que determina el evento es **<Condition>**, y debe ser una variable **INT**.

Los diferentes valores que **<Condition>** puede adoptar, se escriben en las secciones **<SelectorValue1>**, **<SelectorValue2>** y **<SelectorValue3>** seguido de dos puntos ":"

Para ejecutar esta declaración, se escriben las sentencias en **<StatementX>**, donde X = 1, 2 o 3, y pueden ser código PLC. Si el código PLC sobrepasa las 4-6 líneas, una función o un módulo del programa debería ser creado, para tener un código legible.

Si **<Condition>** = **<SelectorValue2>**, el código en **< Statement2>** será ejecutado.

No se requiere tener un código PLC en **<Statement>**. Las secciones pueden estar vacías.

Los tres puntos (…) indican que la cantidad de secciones **<SelectorValueX>** pueden ser de libre elección; sin embargo, debe existir al menos una línea.

La sección **ELSE** es de libre elección. Sin embargo, es recomendable que algunos códigos PLC sean escritos en esta sección, como p. ej., un mensaje de alarma o una nota de error, de forma que el programador sepa que se realiza una llamada de programa en la sección **ELSE**.

9.2.1 EJEMPLO: CASE - Ajuste de la velocidad del motor

A continuación se muestra un ejemplo de como usar **CASE**, donde la velocidad de un motor es ajustada en un interruptor eléctrico llamado **MotorSwitch**. El interruptor puede girar en seis posiciones de 1 a 6, que pueden ser 6 niveles de voltaje. **MotorSwitch** es un tipo de dato **INT**.

```
MotorFan:= FALSE;   //Turn off the motor cooling

CASE MotorSwitch OF
 1, 2 : MotorSpeed:= 25;   //Two values in CASE, separated by comma
 3    : MotorSpeed:= 35;   //One value in CASE
 4..6 : MotorSpeed:= 50;   //Interval CASE: start no. .. end no
        MotorFan:= TRUE;   //Turn on the motor cooling
ELSE
  MotorSpeed:= FALSE;  //Use as default
END_CASE;
```

Explicación de este ejemplo:

Si **MotorSwitch** es 1 o 2, **MotorSpeed** será 25. Si **MotorSwitch** es 3, **Motor Speed** será 35. Si **MotorSwitch** es 4, 5 y 6, **MotorSpeed** será 50.
Si **CASE** no se cumple; es decir, **MotorSwitch** no es de 1 a 6, **MotorSpeed** será cero.

Cuando la variable **MotorFan** adopta siempre el valor **FALSE** (enfriamiento) antes de que el código **CASE** empiece, resulta más sencillo establecer **MotorFan** en **TRUE** en el **CASE**, que indica cuando se precisa enfríar el motor. Esto evita tener que poner el **MotorFan**:= **FALSE** en el resto de los **CASEs**

Como puede verse en el ejemplo, incluir **ELSE** en la declaración asegura que **MotorSpeed** adopte el valor cero (establece la velocidad del motor a cero), si **MotorSwitch** tiene un valor que **CASE** no reconoce. Esto asegura una mejor calidad del código PLC y asegura que se toma una posición sobre lo que sucederá cuando **MotorSwitch** adopte un valor desconocido.

Se recomienda sustituir los valores 1, 2, 3, 4 y 6 con variables, creadas como **CONSTANT**, ya que los valores tienen lugar en varias posiciones en el mismo código PLC, y existe un riesgo de que el programador "olvide" cambiar todas las posiciones en el código PLC. Leer más acerca de **CONSTANT** en la sección 6.2, página 36 y **ENUM** en la sección 4.4, página 21.

9.2.2 EJEMPLO: CASE - Para ejecutar programas

Este apartado describe un ejemplo, donde **CASE** se usa para ejecutar diferentes módulos del programa. Ver más acerca de división/*split up* en los módulos del programa en el capítulo 10, página 68. El ejemplo se muestra usando/no usando **CONSTANT**. El valor de **ProgramSelect** determina que módulos del programa deben ser ejecutados:

```
//Example without CONSTANT
CASE ProgramSelect OF
    10 : ProgramStartup();
    20 : ProgramRun();
    90 : ProgramCloseDown();
ELSE
    ErrorSelectingProgram := 1;
END_CASE;
```

=

```
PROGRAM Main
VAR CONSTANT
    STEP_10 : INT := 10;
    STEP_20 : INT := 20;
    STEP_90 : INT := 90;
END_VAR

CASE ProgramSelect OF
    STEP_10 : ProgramStartup();
    STEP_20 : ProgramRun();
    STEP_90 : ProgramCloseDown();
ELSE
    ErrorSelectingProgram := 1;
END_CASE;
```

Modo de operación:

Si **ProgramSelect** = 10, entonces se ejecuta el módulo del programa **ProgramStartUp**. Dentro de **ProgramStartUp**, la variable **ProgramSelect** cambia a 20, así que **ProgramRun** se ejecuta en el próximo escaneo de programa en lugar de **ProgramStartUp**.

Si la condición **ProgramSelect** adopta un valor que no se contempla en **CASE**, la variable **ErrorSelectingProgram** = 1. De este modo el programador puede ser informado de que no se elige un módulo del programa.

Los valores fijos que **ProgramSelect** puede procesar son 10, 20 o 90. Se establece un salto entre los valores (11, 12, 13 .. a 19 son libres) a propósito con el fin de dar espacio a futuras extensiones. **CONSTANT** puede usarse en lugar de valores fijos. Leer más acerca de esto en la sección 6.2, página 36

> **IMPORTANTE** Una estructura de software sólida se crea usando **CASE** para ejecutar diferentes módulos del programa. **CASE** ofrece una visión general más clara de las sentencias **IF** y especialmente de las declaraciones **ELSE-IF**.

9.2.3 EJEMPLO: CASE - Reconociendo números

En este apartado, se muestra un ejemplo de como un estado **CASE** se usa para reconocer números. Los números podrían ser un conjunto de ciertas contraseñas, que deben ser reconocibles para que un usuario pueda acceder al panel de control (HMI). Existen a menudo varios niveles para acceder:

        Operator Password
        Administrator Password
        SuperUser Password

En el siguiente ejemplo, una variable **PassOk** se usa para determinar si **PassSelect** contiene una contraseña válida. En primer lugar, la variable **PassOk** es un **BOOL** y se establece **FALSE**.
Si la variable **PassSelect** contiene uno de los valores 1747, 3309, 5607, 1234 o 1027, la variable **PassOk** se establece **TRUE** como se muestra:

```
PassOk := FALSE; //No valid password number

//Check password
CASE PassSelect OF
   1747, 3309, 5607, 1234, 1027: PassOk := TRUE; //Valid pass number
END_CASE;
```

El ejemplo muestra que **CASE** es una solución simple que agrupa múltiples sentencias **IF**, ya que la solución arriba mencionada, requiere de cinco sentencias **IF** (15 líneas de códigos PLC) o una declaración IF larga/compleja, como se muestra en el siguiente ejemplo:

```
PassOk := FALSE;

//Check password
IF PassSelect = 1747 OR PassSelect = 3309 OR PassSelect = 5607 OR
    PassSelect = 1234 OR PassSelect = 1027 THEN
   PassOk := TRUE; // Valid password number
END_IF;
```

Como se observa en este último ejemplo, el uso de **IF** en vez de **CASE** puede dar lugar a largas y complejas líneas de código, lo que dificultan su lectura. Además, es recomendable que las líneas del código PLC no sean más largas que el ancho de la pantalla de la herramienta de programación del compilador del PLC.

9.3 Estado de Iteración, LOOPS

Los *loops* o bucles, son usados cuando un código PLC se repite un cierto número de veces. Los *loops* se usan a menudo cuando todos los valores de un **ARRAY** deben tener un cierto valor, o al buscar un valor máximo o mínimo en un **ARRAY**.

En el apartado 9.4.3, página 66, se muestra un ejemplo para encontrar un valor promedio en un **ARRAY**.

Es importante asegurar que no ocurra un error típico llamado *DEAD LOCK* en el PLC. Este error provoca que la CPU use toda su capacidad en el *loop*. Para asegurar que un *loop* siempre termine, este debe terminar después de un tiempo máximo o una cantidad máxima de ejecuciones.

En la siguiente sección se muestran diferentes métodos de implementación de *loops*.

9.4 Sentencia FOR-DO

Este tipo de *loop* es el más usado. Un **FOR-DO** es ejecutado siempre un cierto número de veces. Es determinado por un valor de inicio y un valor final.

El formato se muestra abajo:

```
FOR <StartValue> TO <EndValue> DO
   <Statement>
END_FOR;
```

Donde:

    <StartValue> =   Una variable de conteo (**INT** o **DINT**) tiene un valor de inicio.
    <EndValue> =   Ejecutar el **<Statement>** hasta que la variable de conteo alcance este valor.
    <Statement> =   Contiene el código PLC a ejecutar en cada ronda. Pueden ser una o más líneas de código PLC.
    Se recomienda que las líneas entre **FOR** y **END_FOR** empiecen con 2 X SPACE, ya que es más legible.

    OBSERVACIÓN   No está permitido cambiar la variable de conteo en la sección **<Statement>** ¡interrumpe la ejecución del programa!

Un *loop* cuenta siempre 1 adelante cada vez. Si es necesario contar más de 1 adelante a la vez, se añade **BY**. De cualquier forma, no se usa muy a menudo. Si se necesita retroceder en el *loop* (**StartValue > EndValue**) se recomienda usar **BY**-1.
Formato con **BY**:

```
FOR <StartValue> TO <EndValue> BY <StepValue> DO
   <Statement>
END_FOR;
```

OBSERVACIÓN:
Los tipos más pequeños de PLC no tienen mucha capacidad de cálculo. No pueden manejar declaraciones grandes y complejas de **FOR-DO** que requieren de tiempos escaneo largos. En este caso, es recomendable reducir las sentencias **FOR-DO** o separarlas en estados menores. También es recomendable poner a dichas sentencias **FOR-DO** en diferentes módulos del programa y ejecutarlos con diferentes tiempos de escaneo.

IMPORTANTE
Un error típico cuando se trabaja con estados **FOR-DO** y **ARRAY**, implica que la primera o la última posición en el **ARRAY** no son tenidas en cuenta por el programador. Además, el *loop* se ejecuta en un tiempo mayor que el tamaño del **ARRAY**, lo que puede resultar en un código PLC inestable.

Nombres de variable como i, j, n o m, se usan a menudo como variables de conteo.

Si existe la necesidad de salir del *loop* **FOR-DO** antes de que todas las ejecuciones se lleven a cabo, esto es posible agregando el comando **EXIT**. Un cierto valor se puede buscar en un **ARRAY**, y cuando este valor se encuentra, ya no es necesario continuar con el *loop*.

Formato con **EXIT**:

```
FOR <StartValue> TO <EndValue> DO
   <Statement>
   IF <Condition> THEN  //#1, Exit now?
      EXIT;             //Exit the loop
   END_IF;
END_FOR;
```

Como se muestra arriba, una sentencia **IF** debe agregarse (**#1**) dentro de la declaración **FOR-DO**, y si **<Condition>** es **TRUE**, entonces **EXIT** se ejecutará, y el loop terminará en ese mismo instante.

9.4.1 EJEMPLO: FOR - LOOPS, loop 4 veces

En este apartado, se muestra un ejemplo donde se crea un **ARRAY** con 4 elementos, todos teniendo el tipo de datos **INT**, y cada uno de los cuales adopta un valor de 7 usando un **FOR**-loop:

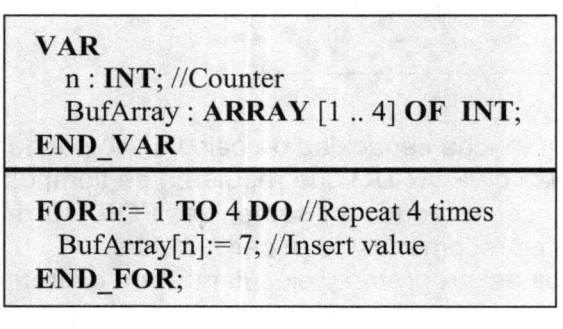
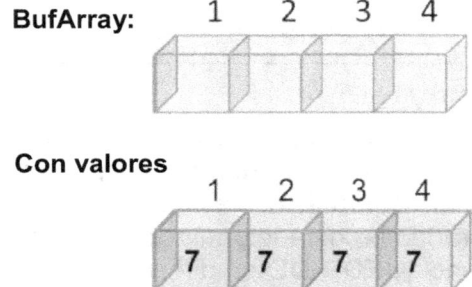

BufArray:

Con valores

Como se puede ver, los números 1 y 4 aparecen dos veces en el ejemplo: al crear **ARRAY**, y en el FOR-loop. Estos números deben por lo tanto, ser creados como **CONSTANT**, ya que un error típico se da cuando el programador olvida corregirlo en ambas posiciones en el código PLC.

El **FOR**-loop en el ejemplo anterior, puede reescribirse en las siguientes 4 líneas:

```
BufArray[1] := 7;
BufArray[2] := 7;
BufArray[3] := 7;
BufArray[4] := 7;
```

Aquí se puede ver que la variable de conteo **n**, usada por el FOR-loop, cuenta 1 adelante cada vez que el loop realiza una ejecución. En cada ejecución, el valor 7 se inserta en la posición de la variable relevante n en **BufArray**,

¡Como se ve, el FOR-loop remplaza de este modo 4 líneas en el código PLC!

También se pueden insertar valores individuales directamente en **BufArray**:

```
BufArray[2] := 23;
BufArray[3] := 12;
```

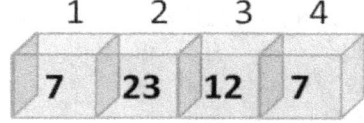

9.4.2 EJEMPLO: FOR - LOOP y 3D ARRAY

En este apartado se muestra como todos los elementos en un **ARRAY** 3-dimensional llamado **Array3D** adoptan el valor 1. Este método puede usarse justo después de que el programa arranque, o en el caso de que todas las posiciones en un **ARRAY** deban tener un cierto valor.

En la sección variable, tres variables de soporte son creadas: "x", "y" y "z", que son usadas como indexación en **ARRAY**.

Para definir el tamaño del **Array3D**, tres variables **CONSTANT** son creadas: **X_MAX**, **Y_MAX** and **Z_MAX**, por lo que es fácil cambiar el tamaño del **ARRAY** más adelante. **ARRAY** puede tener otro tamaño durante la prueba y el proceso de estructura del código PLC, y al usar **CONSTANT** todas las posiciones cambian.

```
PROGRAM MAIN
VAR CONSTANT
    X_MAX : INT := 10;
    Y_MAX : INT := 20;
    Z_MAX : INT := 30;
END_VAR
VAR
    x, y, z : INT; //Index to the 3D Array
    Array3D : ARRAY [1 .. X_MAX, 1 .. Y_MAX, 1 .. Z_MAX] OF INT ;
END_VAR

FOR x:= 1 TO X_MAX DO
    FOR y:= 1 TO Y_MAX DO
        FOR z:= 1 TO Z_MAX DO
            Array3D[x, y, z] := 1;     //Set current position to 1
        END_FOR;
    END_FOR;
END_FOR;
```

Un **ARRAY** 3D puede usarse para las siguientes tareas: Colocar paquetes en un palé en una línea de producción, en un almacen logístico de grandes dimensiones, o en un parking/garage con un gran número de plazas.

En el ejemplo anterior, se han creado 10 x 20 x 30 = 6000 elementos con variables **INT**. Este elevado número de elementos puede generar problemas de ejecución en los tipos de PLC más pequeños. Para solucionar esto, una parte de **ARRAY** 2D se puede crear en su lugar, ya que una parte de **ARRAY** 3D siempre puede ser reescrita como **ARRAY** 2D.

9.4.3 EJEMPLO: Cálculo del valor promedio

El siguiente ejemplo muestra como un *loop* **FOR-DO** puede usarse para calcular el valor promedio de un rango de valores guardados en un **ARRAY**. Se asume que los valores que necesitan un cálculo promedio ya están guardados en **BufArray**:

```
PROGRAM Average
VAR CONSTANT
   BufArrayMin  : INT := 0;
   BufArrayMax : INT := 9; //Must be higher than BufArrayMin
END_VAR
VAR
   i                    : INT;    //Counter variable in FOR-DO statement
   BufArray         : ARRAY [BufArrayMin .. BufArrayMax] OF REAL;
   BufArraySum    : REAL;   //Calculator for the total value sum
   BufArrayAverage  : REAL;   //Average value of the BufArray
END_VAR

BufArraySum := 0; //Reset calculator #1)

//Sum all values from the buffer into BufTempVar #2)
FOR i := BufArrayMin TO BufArrayMax DO
   BufArraySum := BufArraySum + BufArray[i];
END_FOR;

//Calculate average
BufArrayAverage := BufArraySum /( BufArrayMax – BufArrayMin + 1 );
```

Visión general de **ARRAY** teniendo 10 posiciones (elementos):

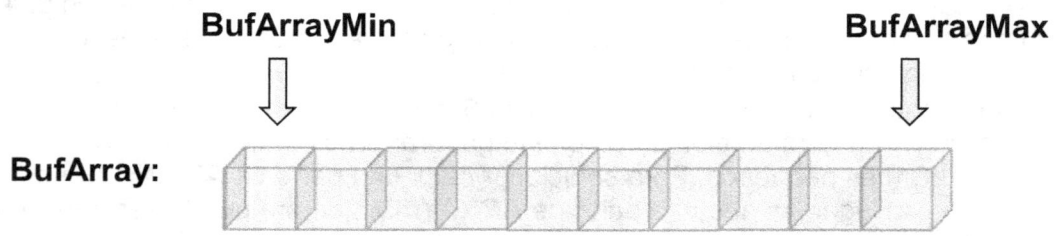

Explicación del ejemplo de programa **Promedio**:

Constantes

Se han creado dos constantes, **BufArrayMin** y **BufArrayMax**, debido a que las constantes se usan 3 veces en el código PLC y cuando se cambia la longitud de **BufArray**, es cierto que se cambian todas las constantes.

Nombrar

Las constantes y **ARRAY** tienen el mismo primer nombre, **BufArray**, indicando que pertencen entre sí.

Modo de operación

BufArrayTotalSum es una variable que contiene la suma total y es creada con el tipo de dato **REAL**. En primer lugar, la variable **BufArraySum** se inicializa al valor cero (0) para asegurar que el contenido es cero la primera vez que se ejecuta (#1).

El siguiente paso consiste en agregar todos los valores en el **BufArray** usando un *loop* **FOR-DO**. **BufArrayMin** está en la primera posición, mientras que **BufArryMax** está en la última. Observar que las veces que el *loop* **FOR-DO** se ejecuta se calcula como **BufArrayMax - BufArrayMin + 1**, ya que la primera y la última ejecución están ambas incluidas (#2).

Cuando el *loop* ha terminado, la variable **BufArraySum** contiene todos los valores agregados juntos. Para encontrar el valor promedio, la cantidad total se divide entre el número de veces que el *loop* **FOR-DO** ha sido ejecutado. El resultado se ubica en **BufArrayAverage**.

Es importante estar seguros de que el resultado del cálculo **BufArrayMax - BufArrayMin + 1** no sea cero, ya que un PLC no puede procesar una división entre cero.

El cálculo del valor promedio en un PLC es a menudo usado para filtrar señales de entrada de sensores análogos. Cuando se filtran las señales, "el ruido" puede eliminarse de la medición. La desventaja de un *loop* **FOR-DO** para este propósito es que **ARRAY** necesita demasiada memoria, toma tiempo en la CPU y el cálculo de un valor promedio cuenta en todos los valores. Por lo tanto, puede ser ventajoso usar un filtro digital. Ver más en la sección 13.4, página 100.

10 Split-up en los módulos del programa

Una división/*Split-up* en módulos del programa y funciones, es uno de los bloques de contrucción básicos y más importantes en un programa de PLC estructurado. Consisten en una pequeña parte individual del código PLC, la cual puede usarse cuando se necesite. Los módulos del programa necesitan un nombre indicativo de forma individual, tal y como se explica en el capítulo 6, página 29.

Para tener una buena estructura y un programa estructurado, se recomienda encarecidamente tener como máximo 20-25 líneas de código PLC en cada módulo del programa. Es mucho más sencillo trabajar con un código PLC pequeño, que uno gigante/extenso.

Además, es más sencillo corregir y mover códigos PLC pequeños. Cuando nos encontremos en modo de búsqueda de errores, es posible que se tenga que cambiar la secuencia cronológica o que algunos módulos del programa tengan que desactivarse (para desactivar, insertar // antes del nombre del módulo del programa).

A continuación se muestra un programa principal, en el cual se utilizan 3 sub-programas:

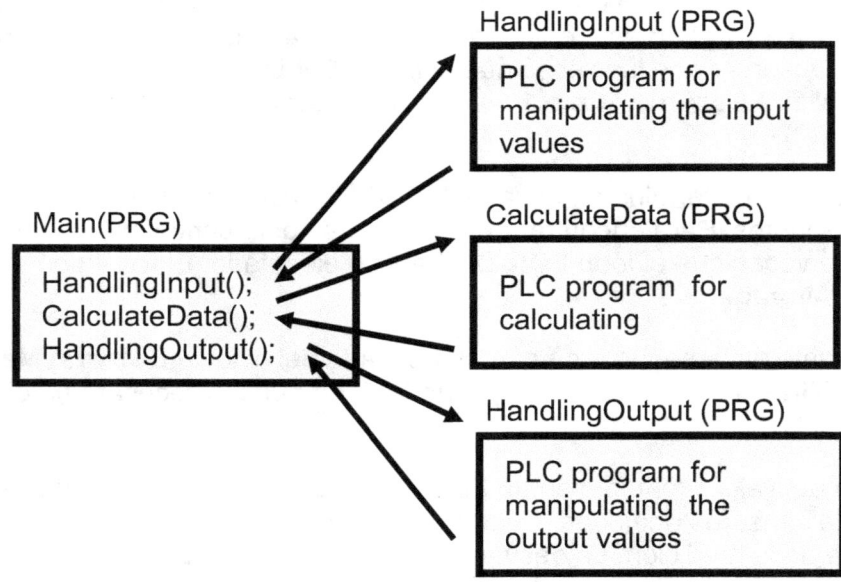

El programa principal **Main** se ejecuta una vez en cada ecaneo del programa. En el **Main,** el módulo del programa **HandlingInput** se ejecuta primero puesto que está en primera posición. Cuando todo el código PLC de este módulo del programa se haya ejecutado, **CalculateData** viene a continuación. Finalmente, se ejecuta el módulo del programa **HandlingOutput**.

Cuando el tiempo de escaneo del programa termina, debe repetirse. Si el tiempo de escaneo del programa es 50 [ms], el programa principal se ejecuta cada vez que han transcurrido 50 [ms]. Es importante que el tiempo total de ejecución para los cuatro módulos del programa esté por debajo de 50 [ms]. Si los módulos del programa contienen *arrays* muy grandes o demasiados cálculos, puede ser que no todos los módulos del programa sean ejecutados en el tiempo de escaneo. Para resolver esto, se puede incrementar el tiempo de escaneo del programa, o se pueden examinar los programas, para revisar que partes pueden ser reducidas o reescritas. Hay que recordar, que los módulos del programa tienen un tiempo variable de ejecución, ya que sentencias **IF** o **CASE** pueden incluir condiciones, que no se puedan cumplir siempre. Por lo tanto, se ha de tener en cuenta el peor de los casos en cuanto a tiempo de ejecución se refiere, y contar con algo de tiempo extra para cada escaneo de programa.

Existen varias formas de dividir un programa. A continuación se realiza una lista de inspiración:

- Sensores a un lado de la máquina
- Entrada digital desde contactos eléctricos, interruptores y disyuntores
- Todos los motores para ventilación
- Manejo de valores desde HMI (HMI = panel de control del usuario)
- Procedimiento de puesta en marcha del programa
- Ejecución de secuencias de pograma
- Módulo de programa para detener la máquina
- Alarma de vigilancia / Alarma de supervisión
- Manejo de errores en la máquina
- Manejo de comunicación de datos a otros PLCs

10.1 Funciones

Las funciones son bloques de construcción importantes en un programa PLC. Una función contiene una porción pequeña del código del programa PLC, la cual se puede usar en repetidas ocasiones.

Una función de "llamada" a **MyFunction** es llevada a cabo como sigue:

```
MyFunction ();
```

La función anterior "llamada" no contiene parámetros, porque os paréntesis están vacíos. Es posible hacer uso de una función utilizando uno o más valores de entrada (parámetros), los cuales deben ser manejados por la función para el cálculo. Cuando la función "llamada" se termina, uno o más valores (parámetros) con los que el programa puede trabajar, debe(n) ser entregado(s) por la función.

A continuación se muestra una función "llamada" incluyendo dos parámetros (valores de entrada), 12 y 3:

> **MyFunction1 (12, 3);**

La ventaja de usar funciones, es que el código PLC puede ser reutilizado. Un código PLC reutilizado reduce el tamaño del programa, crea menos faltas de sintáxis y es más sencillo de trabajar por diferentes usuarios.

Es posible hacer cálculos antes de una función "llamada". A continuación, dos números (3+7) son agregados justo antes de la función "llamada":

> **MyFunction2 (3 + 7);**

El cálculo se lleva a cabo antes de la función "llamada" y el valor de entrada a la función, es por lo tanto 10.

Si la función se usa para entregar valores cuando la función haya terminado (un resultado de uno o más cálculos), solo puede ser llevada a cabo usando variables ya que la función tiene un *shelf* en la memoria para entregar el valor. Cuando una función es "llamada" con una variable de entrada, la función almacenará el valor en la variable *shelf* en la memoria y entregará una copia de la variable en la función.

A continuación se muestra un programa "llamada" para una función con variables:

> **MyFunctionInOut (Var1:= ValueIn, Var2=>ValueOut, Var3:= ValueInOut);**

Las tres variables **Var1**, **Var2**, **Var3** son creadas dentro de la función y son creadas con el siguiente ámbito (*variable scope*):

Variable	Scope	Asignación
Var1	IN	:=
Var2	OUT	=>
Var3	IN_OUT	:=

ValueIn es un valor que va dentro de la función y se escribe como sigue:

> **Var1 := ValueIn;**

El valor que debe salir de la función, debe ser entregado en la variable **ValueOut**:

> **Var2 =>ValueOut;**

La variable que entra y sale de la función, representa la dirección que tiene en el *shelf* en la memoria:

> **Var3 := ValueInOut;**

Observar como las señales/signos de asignación "**=>**" y "**:=**" se usan en la función "llamada".

Cómo "llamar" a un ARRAY con funciones:

Un programa que llama a la función no. 4 en un **ARRAY** de funciones, se lleva a cabo como sigue:

> **MyFunction [4] (ValueIn);**

10.2 Función (FC) y Función de bloqueo (FB)

Existen dos tipos de funciones en un PLC:

> **Function (FC)**
> **Function block (FB)**

Function (FC) es un código PLC que excluye datos estáticos, lo que implica que todas las variables locales pierden su valor cuando la función termina. Las variables son iniciadas de nuevo, la vez siguiente que la función es "llamada". Normalmente la función, lleva a cabo un cálculo matemático, y devuelve el valor final calculado.

Function block (FB) hace referencia a un código PLC que incluye datos estáticos. Las variables locales conservan sus valores entre cada "llamada" a la función. Un ejemplo, podría ser una función usada como un contador de horas (número de horas de operación, también llamado TACHO HOURS) en un motor y, por tanto, las variables locales deben conservar sus valores después de que la función haya terminado. La función también podría contar el número de veces que se inicia el motor por hora o el tiempo para la próxima revisión.

Formato para **Function (FC)**

```
FUNCTION <Name> : <RetDataType>
    VAR_INPUT
        <Variables>
    END_VAR
    VAR_OUTPUT
        <Variables>
    END_VAR
    VAR_IN_OUT
        <Variables>
    END_VAR
    VAR
        <Variables> //Local variables
    END_VAR
    <Implementation>  //Write code here
    <Name> := 123;   //set return value
END_FUNCTION
```

Formato para **Function block (FB)**

```
FUNCTION_BLOCK <Name>
    VAR_INPUT
        <Variables>
    END_VAR
    VAR_OUTPUT
        <Variables>
    END_VAR
    VAR_IN_OUT
        <Variables>
    END_VAR
    VAR
        <Variables> //Local variables
    END_VAR
    <Implementation>  //Write code here
END_FUNCTION
```

La declaración de una función empieza con la palabra clave **FUNCTION**, mientras que una función de bloqueo empieza con la palabra clave **FUNCTION_BLOCK**. A continuación se escribe el nombre de la función en el cuadro **<Name>**. Debe ser un nombre representativo (ver capítulo 6, página 29 acerca de "nombrar") relacionado con la tarea/propósito de la función. El tipo de dato devuelto es escrito en el campo **<RetDataType> section**, ya que el nombre de la función actua como el valor devuelto.

Observar que el campo **<RetDataType>** no puede ser usado en **FUNTION_BLOCK**.

Las secciones con **VAR_INPUT**, **VAR_OUT** y **VAR_IN_OUT** deben contener variables que entren y salgan de la función. Cuando se usa **VAR_INPUT**, la función copia las variables y continúa trabajando directamente en la variable dentro de la función (sin destruir la variable original). Si se usa **VAR_IN_OUT**, la dirección de la variable se entrega a la función, por lo que la función trabaja directamente en la variable. Por lo tanto, debe usarse cuidadosamente.

Si una función necesita trabajar con **STRUCT** o **ARRAY**, debe usarse **VAR_IN_OUT**.

La secuencia de variables listadas en la función, indica la secuencia de las mismas cuando la función es "llamada".

La sección **VAR** contiene las variables locales, las cuales solo pueden usarse internamente en la función. Cuando una función "llamada" se lleva a cabo, las variables locales se crean cada vez que la función es "llamada" y restablecida de nuevo, una vez que la función ha finalizado.

Recordar que las variables deben reiniciarse (establecer un valor de puesta en marcha; p. ej., 0) para asegurar que valor tienen las variables, cuando la función sea "llamada". Si la función va a almacenar variables locales en cada "llamada", **FUNCTION_BLOCK** o **VAR_IN_OUT** deben usarse, para que la función trabaje con variables, que hayan sido creadas fuera de la función.

El código PLC a ejecutar por la función, se escribe en la sección **<Implementation>**.

Cuando se usa **FUNCTION**, el parámetro devuelto debe establecerse ANTES de que la función finalice. Se establece usando el nombre de la función, asignado al parámetro de retorno. En el formato anterior, el parámetro de retorno adopta el valor 123. Solo se puede establecer un parámetro de retorno de esta forma. Si se necesitan más valores de retorno, **VAR_OUT** y/o **VAR_IN_OUT** deben usarse.

Para hacer el progrma PLC más claro y legible, se recomienda que **FUNCTION** y **FUNCTION_BLOCK** solo contengan cierto tamaño de código PLC, el cuál pueda ser visto en la pantalla durante la programación. Se recomienda un max. de 20-25 líneas. Si el código PLC es más grande, es necesario crear otra función.

Una función solo debería proporcionar un máximo de 8 parámetros (variables) en la función "llamada" ya que puede resultar difícil tener una buena visión general con demasiados parámetros. Si aún así, se necesitan más variables, un **STRUCT**, el cual puede recopilar un gran número de variables, puede crearse y enviarse junto con la función. Si se usa **STRUCT**, la variable debe colocarse en la sección **VAR_IN_OUT**.

Una función debe ser vista como una caja negra. Cuando la función realmente funciona, todo el contenido de dicha caja, se enciende automáticamente.

IMPORTANTE: Una función nunca debe hacerse una "llamada" a si misma.

Existen muchas funciones posibles. A continuación se muestra una lista de inspiración:

- Conversión entre unidades de medición
- Contadores de horas en motores
- Cálculo de tiempo estimado para revisiones y mantenimiento
- Cálculo de la velocidad en cintas transportadoras
- Escalado de valores analógicos
- Cálculo de volúmenes de tanques
- Búsqueda de valores min y máx en un array
- Cálculos matemáticos
- Generador de pulso
- Regulador PID
- Alarma de vigilancia / supervisión en componentes mecánicos
- Conversión de valores de sensores de temperatura
- Código PLC para ser reutilizado en otros programas PLC
- Cálculo de rango de operación óptimo para convertidores de frecuencia
- Estimación de tiempo esperado de producción

La diferencia entre las funciones y los módulos de programa, es el hecho de que las funciones a menudo hacen cálculos o manejo de datos en componentes simples, mientras que los módulos de programa dividen todo el programa. Los módulos de programa usan funciones relevantes y funciones de bloqueo para resolver tareas concretas.

Normálmente, resulta más sencillo reutilizar funciones que módulos de programa.

Las siguientes páginas contienen ejemplos de funciones.

10.3   EJEMPLO: FC para conversión de temperatura

Este ejemplo muestra la implementación de una función, la cual convierte temperaturas de grados Celsius (Centígrados) a grados Fahrenheit. Dicha conversión se implementa en una función, ya que es un cálculo matemático que se reutiliza muchas veces en el programa. Se crea una **FUNCTION**, llamada **fcTemperatureCalculateCtoF**, la cual devuelve una variable **REAL**, ya que los cálculos – incluyendo temperatura – contienen decimales. El nombre de la función empieza con 'fc' para mostrar que es una función. El resto del nombre se ha elegido para que represente lo que dicha función puede hacer. El nombre comienza con un sustantivo "Temperature" seguido de un verbo "Calculate", seguido por las letras "C to F" indicando la conversión que va a realizar.

```
FUNCTION fcTemperatureCalculateCtoF : REAL
VAR_INPUT
  TemperatureC: REAL;
END_VAR
```

La función tiene un solo parámetro de entrada llamado **TemperatureC** el cual se crea en la sección **VAR_INPUT**, como se muestra a continuación y es del tipo de dato **REAL**, ya que el parámetro (Celsius/Centigrade temperature) es un número decimal. El código PLC dentro de la función, se muestra a continuación:

```
//This function converts a Celsius temperature to a Fahrenheit temperature
//Input parameter (REAL) is in Celsius
//Out parameter (REAL) is in Fahrenheit
fcTemperatureCalculateCtoF:= (TemperatureC * 9/5) + 32;
```

La fórmula usada para la conversión se encuentra en internet.

Como puede verse, el parámetro devuelto es el nombre de la función con el tipo de dato **REAL**. Los comentarios al inicio de la función se hacen para explicar a otros usuarios lo que la función es capaz de hacer. Una buena programación siempre incluye comentarios escritos al inicio de la función, aún cuando el mismo nombre de la función lo explica. A continuación, se muestra cómo se puede usar la función, donde **TempF** es un tipo de dato **REAL**:

```
TempF :=  fcTemperatureCalculateCtoF(23.6);
//The value is copied to TempF and is 74.48 (REAL data type)
```

La función es llamada con el valor de 23.6 (Celsius/Centigrados, temperatura en °C). La función devuelve el valor Fahrenheit calculado en la variable **TempF**.

Para comprobar que la función calcula bien tanto con valores grandes como con pequeños, existe una web en internet, que permite la introducción de dichos valores, para comprobar que la función trabaja como se espera. Es importante probar siempre la función a fondo, ya que puede ser difícil encontrar errores, una vez que el programa se haya vuelto demasiado grande/complejo.

10.4 EJEMPLO: FC para calcular el promedio

La siguiente sección, muestra un ejemplo de una función, la cual calcula el promedio de presión en dos sensores. No existe la necesidad de guardar los valores, y por lo tanto, se crea una **FUNCTION**. La función es llamada **ValueAverage** con dos parámetros de entrada: **Value1** y **Value2**, ambos del tipo de dato **REAL**. Aún cuando es el promedio de dos medidas de presión, se crea una sola función con un nombre general, de forma que la función puede ser reutilizada para calcular más valores promedio. El valor calculado es del tipo **REAL**, y este se define como un parámetro de retorno para la función, escribiendo **REAL** en la primera línea del código, tal y como se muestra en el siguiente ejemplo:

```
FUNCTION ValueAverage : REAL //REAL is return parameter data type
VAR_INPUT
  Value1, Value2 : REAL; //Input parameters to the function
END_VAR
VAR
  Sum : REAL;  //Local variable for temporary calculation
END_VAR

Sum := Value1 + Value2;  //Total sum
Sum := Sum/2; //Average
ValueAverage := Sum;  //Set the return parameter
```

En la última línea se establece el valor de retorno. Significa que **ValueAverage** tiene un valor antes de que la función finalice, lo que asegura que el valor calculado pueda usarse fuera de la función. La variable **sum** es una variable local, y no puede por lo tanto, usarse fuera de la función. Esto crea una buena estructura del programa con el formato de "caja negra - *black box*" para el cálculo promedio de dos valores.

Las variables mostradas a continuación, **Avg1**, **Avg2**, **Avg3**, **Sensor1Pressure**, y **Sensor2Pressure,** son todas del tipo de dato **REAL**, ya que es el tipo de dato que la función **ValueAverage** usa como parámetros de entrada y retorno.

Ejemplos de como usar la función **ValueAverage**:

```
//Example #1: Use the function variable names
Avg1 := ValueAverage(Value1 := 85.1, Value2 := 17.6);
//Example #2: Use value only
Avg2 := ValueAverage(85.1, 17.6);

//Assign value to main variables
Sensor1Pressure := 85.1;
Sensor2Pressure := 17.6;

//Example #3: Use main variables
Avg3 := ValueAverage(Sensor1Pressure, Sensor2Pressure);
//Example #4: Combination of #1 and #3
Avg4 := ValueAverage(Value1 := Sensor1Pressure, Value2 := Sensor2Pressure);
```

Cuando se usa una **FUNCTION**, todos los parámetros de entrada deben tener un valor. Si se usa una **FUNCTION_BLOCK**, no es necesario que todos los parámetros de entrada tengan un valor. Sin embargo, es una buena idea asignar a todos los parámetros de entrada un valor, porque esto indica que el programador decide que parámetros usar, y esto le ayuda a recordarlos.

La secuencia de parámetros para la función "llamada" es importante, y es la misma que cuando se creó la función. Por lo tanto, **Value1** tiene que posicionarse primero, y a continuación se posiciona **Value2**.

El código PLC en **FUNCTION** y **FUNCTION_BLOCK** DEBE tener en cuenta que faltan los parámetros de entrada, o que los parámetros se encuentran fuera del rango permitido, o que no son válidos. El código PLC dentro de la función debe ser estable y capaz de ser ejecutado, aún cuando falten los parámetros de entrada, sean incorrectos o inválidos.

Viceversa, el programador que implementa la función, tiene también la obligación de asegurarse que **FUNCTION** o **FUNCTION_BLOCK** será "llamada" con parámetros de entrada válidos y legítimos. Además, el programador debe escribir una descripción de la función, explicando el modo de operación y los parámetros de entrada. Por último, ¡la función no está lista hasta que haya sido probada!

11 Trabajando con texto y caracteres, STRING

STRING es el tipo de dato usado cuado se trabaja con textos. A continuación se muestran algunas áreas, donde un PLC debe trabajar con textos:

Visualización de textos dinámicos y dígitos en HMI/SCADA:

- Cambios online de los lenguajes en los paneles de operación del usuario (p. ej., cambio de las interfaces de usuario entre inglés y español, sin cambios en el código PLC (cambio multi-lenguaje).
- Mensajes e intrucciones para el usuario: información de producción, escritura de contraseñas, lectura de cartas, tiempo/fecha, textos de alarma.

Manejo de archivos y datos en la base de datos:

- Lectura de datos de archivos de un disco duro (p. ej., ajustes en equipos e instrumentación, configuración de archivos, valores de consigna).
- Registros de datos de medición de datos o eventos (p. ej., cambio de configuración o cambios de las condiciones mecánicas).
- Lenguajes de textos para leer desde un disco duro o una tarjeta de memoria.
- Mensajes para/desde sistemas de producción (ERP, SAP, MES).
- Nombres de archivos, nombres de carpetas, e-mail.

Comunicación de datos entre PLC/PC/Instrumentos:

- Los instrumentos envían datos en ASCII (p. ej., códigos BAR/QR, RFID, TAGS).
- Información para impresión de etiquetas (p. ej., etiquetas para cajas, fechas de producción).
- SMS (alarmas/comandos para/desde teléfonos móviles/smartphones).
- Números con muchos dígitos combinados con letras.
- Medición de datos, alarmas, información de equipo de automatización.

Existen los siguientes tipos de datos:

Tipo de dato	Descripción
CHAR	Contiene solo un caracter (ASCII) (8 bit)
WCHAR	Contiene un caracter universal (16 bit) (UNICODE, ISO 10646)
STRING	ARRAY de CHARS [0..254], para oraciones (254 es máx.)
WSTRING	ARRAY de WCHAR [0..254], para oraciones (254 es máx.) Usados para controles PLC manejando multi-lenguajes en HMI (Human Machine Interface) (UNICODE, ISO 10646)

OBSERVACIÓN:

Usar solo **STRING** cuando sea necesario, ya que usa demasiados recursos del PLC.

Crear un **STRING** solo de con longitud necesaria.

No todos los tipos de PLC proporcionan los tipos de datos **CHAR** y **WCHAR**. Si realmente existe la necesidad de una variable con un solo signo (caracter), crear un **STRING[1]** o un **BYTE**.

IMPORTANTE: La longitud de un **STRING** se define contando caracteres hasta encontrar 0 (cero) en el **ARRAY**. Algunos lenguajes de programación colocan la longitud del STRING en la posición cero, lo cual es importante si un PLC se comunica con otro equipo.

Un **STRING** muestra los caracteres usando una tabla ASCII. Los números enteros son guardados en **ARRAY**, ya que una CPU solo es capaz de guardar datos enteros. A continuación se muestra un **ARRAY** con enteros y los correspondientes caracteres de la tabla ASCII:

ASCII	'A'	'B'	'C'	'0'	'1'	'#'	0
Posición	0	1	2	3	4	5	6
	65	66	67	48	49	35	0

Un PLC proporciona normalmente una longitud máxima de 255 caracteres en un **STRING**.

Si un texto tiene más de 255 caracteres, el texto puede ser separado en más **STRINGs**.

Se puede crear un **STRING** con o sin una longitud fija como se muestra a continuación:

```
PROGRAM DemoString
VAR
    szDemo: STRING            := 'Having no fix length'
    szDemoFix: STRING[35] := 'Fixed length string';

    szEmpty: STRING           := '';           //String without text
    szDemoW: WSTRING      := "This is a UNICODE string";
END_VAR
```

Si la longitud NO se indica – como es el caso cuando se utiliza **szDemo** – entonces el PLC usa 254 bits en la memoria +1 (Se incluye la señal cero para terminar el **STRING**).

Si por el contrario, se establece una longitud fija – como es el caso cuando se utiliza **szDemoFix** –, entonces el PLC usa el valor fijo, que en este ejemplo equivale a 35 bytes de la memoria +1 (Se incluye la señal cero para terminar el **STRING**).

La declaración anterior indica que la mejor opción es establecer una longitud máxima en todo el **STRING**. Se pueden presentar algunos retos al usar una longitud fija en el **STRING**, ya que los textos presentan un caracter dinámico durante la ejecución de un programa. Se puede dar el caso cuando se hacen cambios de lenguaje online, cuyos textos pueden llegar a ser un 50% mas largos, cuando se cambia de un texto escrito en inglés, a un texto escrito en francés.

No se puede escribir un texto entre comillas, p. ej.: Una prueba "grande". Un símbolo de control (símbolo $) ha de escribirse antes del texto: una prueba $"grande"'.

Tabla con secuencias de escape:

Descripción	Secuencia de escape
Símbolo de dólar	$$
Cambio de línea	$L ó $l
Nueva línea	$N ó $n
Nueva página	$P ó $p
<RETURN>	$R ó $r
<TAB>	$T ó t
Símbolo de cita	$'
Doble símbolo de cita	$"

11.1 EJEMPLO: FC con STRING

A continuación se muestra un ejemplo de como definir una **FUNCTION** con **STRING**:

```
FUNCTION StringDemoFUN : STRING
VAR
      str4: STRING;   //Internal variable
END_VAR
VAR_INPUT
      Str1: STRING;   //Input variable
END_VAR
VAR_OUTPUT
      str2: STRING;   //In out variable
END_VAR
VAR_IN_OUT
      str3: STRING;   //In out variable
END_VAR
```

```
str2:= 'STR 2 string';
str3:= 'STR 3 string';
str4:= 'STR 4 string';
StringDemoFUN:= Str1;   //Set return parameter
```

El programa "llama" a la función **StringDemoFUN**:

```
MainStr:= 'Hallo World';
Mstr1:= StringDemoFUN (str1:=MainStr, Str2=>MStr2, str3:=Mstr3);

//Contents of the variables are:

//MStr1 = 'Hallo World'.
//MStr2 = 'STR 2'    //Because STRING length is 5: Mstr2[5]
//MStr3 = 'STR 3 string'.
```

OBSERVACIÓN:

Las variables **Mstr1**, **Mstr2** y **Mstr3** han sido creadas como un tipo de dato **STRING**. Si una variable como **Mstr2** se crea con una longitud fija, p. ej. 5, esta variable contendrá solo 5 caracteres, incluso si el string str2 creado dentro de la función contiene 12 caracteres.

11.2 Funciones estándar, STRING

La incorporación de funciones estándar **STRING** se muestra a continuación. Algunos tipos de PLC proveen más funciones y pueden encontrarse en el manual de programación del fabricante.
Si se necesita un cierto tipo de función **STRING**, el programador debe implementarlo a menudo él mismo o intentar encontrarlo en internet.
La longitud máxima para un **STRING** en las funciones estándar es de 255 caracteres.

CONCAT

Conecta dos **STRING**.
STR2 es insertado después de **STR1**.

Str3:= **CONCAT** (**STR1** := 'AB', **STR2**:='CD');
//Str3 = 'ABCD'   Str3:= CONCAT ('AB', 'CD');

INSERT

Inserta un **STRING** en otro **STRING** en una cierta posición. **STR2** es insertado en **STR1** en la posición **POS**.

Str3:= **INSERT** (**STR1**:='ABCD', **STR2**:='EFGH', **POS**:=2);
//Str3 = 'ABEFGHCD'   Str3:= INSERT ('ABCD', 'FEGH', 2)

DELETE

Elimina alguna(s) parte(s) de un STRING. **IN1** es el STRING.
De la posición **POS**, se elimina la cantidad indicada por **LEN**.

Str3:= **DELETE** (**IN1**:='ABCDEFG', **LEN**:=2, **POS**:=3);
//Str3 = 'ABEFG'   Str3:= DELETE ('ABCDEFG', 2, 3);

REPLACE

Reemplaza alguna(s) parte(s) de un **STRING**. La cantidad de caracteres **L** en **STR1** es eliminada. **STR2** es insertado desde la posición **P**.

Str4:= REPLACE (**STR1**:='ABCDEFG', **STR2**:='X', **L**:=2, **P**:=3);
//Str4 = 'ABXEFG'   Str4:= REPLACE ('ABCDEFG', 'X', 2, 3);

FIND

Encuentra un **STRING** en otro **STRING**.
Una coincidencia para **STR2** se busca en **STR1**. Un **INT** es devuelto con la posición en la cual **STR2** se encontró en **STR1**. Si no encuentra nada, devuelve 0 (cero). La función **FIND** distingue entre letras mayúsculas y minúsculas.

Int1:= **FIND** (**STR1**:='ABCBCDEFG', **STR2**:='BC');
//Int1 = 2   'BC' is found first at position 2

LEN

LEN encuentra la longitud de un **STRING**. Contando los números de los caracteres en **STR**. Devuelve un **INT** con la longitud.

Int2:= **LEN** (**STR**:= 'Demo') ;
//Int2 = 4   alternative use: Int2:= LEN ('Demo');

LEFT

LEFT conserva alguna(s) parte(s) de un **STRING** desde la izquierda. El primer parámetro **STR** es **STRING** y el segundo parámetro **SIZE** es la cantidad de caracteres que retiene.

Str6:= **LEFT**(**STR**:='1234567', **SIZE**:=2);
//Str6 = '12'   alternative use: Str6:= LEFT('1234567', 2);

RIGHT

RIGHT conserva alguna(s) parte(s) de un **STRING** desde la derecha. El primer parámetro **STR** es **STRING** y el segundo parámetro **SIZE** es la cantidad de caracteres que retiene.

Str7:= **RIGHT** (**STR**:='1234567', **SIZE**:=2);
//Str7 = '67'   alternative use: Str7:= RIGHT ('1234567', 2);

MID

MID conserva alguna(s) parte(s) de un **STRING**. El primer parámetro **STR** es **STRING**, **LEN** es la longitud, y **POS** la posición inicial de lo que se retiene.

Str8:= **MID** (**STR**:='1234567', **LEN**:=2, **POS**:=3);
//Str8 = '34'   alternative use: Str8:= MID ('1234567', 2, 3);

OBSERVACIÓN: Los operadores de relación (ver sección 7.2, página 39), no pueden usarse directamente en todos los tipos de PLC en un **STRING** en un estado IF, ya que un **STRING** es un **ARRAY**. Las funciones incorporadas **FIND** y **LEN**, deben usarse cuando se comparan textos:

```
Str1 := 'abc';
Str2 := 'abc';

IF Str1 = Str2 THEN
   Str3:= 'Same';
END_IF;
```
X

```
Str1 := 'abc';
Str2 := 'abc';

IF FIND (Str1, Str2) > 0 THEN
   IF LEN (Str1) = LEN (Str2) THEN
      Str3:= 'Same';
   END_IF;
END_IF;
```
OK

Para convertir números, las funciones de conversión de tipo de datos incorporadas pueden usarse también con **STRINGS** (ver sección 8.6, página 49) como se muestra a continuación:

```
myint := STRING_TO_INT ('123');
myreal := STRING_TO_REAL ('12.45');
myStr1 := REAL_TO_STRING (23.67);
```

Antes de que las funciones de conversión sean "llamadas", el string (el cual es un parámetro de entrada) debe ser controlado, de modo que la función no reciba caracteres en un string que no es convertible. Puede que no esté claro lo que va a ocurrir si el programa del PLC debe convertir, p. ej., 'ABC' en un tipo de dato **REAL**. Existen funciones en internet, que pueden llamar **IsNumber**, las cuales se pueden usar para controlar si el contenido de un string es un número.

> **IMPORTANTE:** En algunos tipos de PLC, las funciones estándar **STRING** no son "seguras". Esto significa que la mejor opción es hacer uso de ellas solo en un código PLC, ejecutándose en la misma tarea.

Como **STRING** es un **ARRAY**, es posible insertar algunos caracteres directamente. A continuación, se muestran tres ejemplos diferentes, ya que esta inserción se realiza de forma diferente, según el tipo de PLC:

```
str1:= 'My String';         //The beginning string
str1[2]:= 'A';              //Example 1, insert 'A' into position 2 in str1
str1[2]:= 65;               //Example 2, insert, where 65 is 'A' in the ACSII tabel
str1[2]:= F_toASC('A');     //Example 3, use a build-in function named F_toASC
//The resulting string is 'MyAString' where 'A' is overwriting <SPACE> in str1
```

12 Funciones estándar incorporadas

Este capítulo describe un rango de funciones estándar incorporadas. La elección de las mismas dependerá del tipo de tareas a resolver, y debe tenerse en cuenta que las funciones pueden ser nombradas de forma diferente en los diferentes tipos de PLC que se encuentran en el mercado. Si se utilizan las funciones estándar incorporadas, puede resultar más difícil copiar el código PLC a otros tipos de PLC, ya que el código puede ser retocado.

12.1 Ejecución del programa una sola vez: *First ScanBit*

Puede ocurrir que sea necesario ejecutar alguna parte del código PLC una sola vez, justo después de encender el PLC. Podría darse el caso p. ej., en el que las salidas digitales deben reiniciarse a un cierto valor, para asegurar que luces señalizadoras o una válvula se enciendan correctamente o esté cerrada respectivamente. Puede darse el caso en el cual variables internas, contadores y matrices deban ser reiniciadas a cero.

Algunos tipos de PLC proporcionan un primer escaneo (*first-scan-bit* o *FirstCycleBit*) para este propósito. Sin embargo, si el PLC no posee dicha característica, el código PLC que se muestra a continuación puede usarse:

```
VAR
   FirstScanBit : BOOL := FALSE; //#2
END_VAR
```

```
//Set first scan bit
IF FirstScanBit = FALSE THEN //#3
   // Initialization code here or call to a program module
   // code here will be executed only once #1
   FirstScanBit := TRUE; //#1
END_IF;
```

Modo de operación:

Se crea una variable **BOOL FirstScanBit**, la cual se inicia como **FALSE** (ver **#2**) en la sección variable. Esto causa que *first-scan-bit* sea siempre **FALSE**, cuando se inicia el PLC. Cuando el código PLC se ejecuta por primera vez, el código PLC contenido en la sentencia **IF** será ejecutado como **FirstScanBit** y es **FALSE** (ver **#3**). Cuando **FirstScanBit** se establece **TRUE**, el código PLC añadido en **#1** no se ejecuta de nuevo.

12.2 Detección de bordes (One shot): R_TRIG, F_TRIG

A menudo existe la necesidad de que un código PLC se ejecute una sola vez en una acción determinada. Puede ser un sensor de contacto junto con su respectivo código de PLC correspondiente, que se desea activar (un sensor p. ej., que cuenta objetos en una cinta transportadora). Cuando se activa el sensor de contacto, y debido al modo de operación en el cual un PLC ejecuta un programa, el código se ejecutará muchas veces. Hay que tener esto en cuenta, y en caso de que sea necesario, se recomienda escribir códigos para evitar la ejecución de códigos múltiples.

Esto puede soluciarse con una función la cual presente diferentes nombres: *Oneshot, edge detect, OSR, OSF, One Shot Rising*.

Existen dos bloques de funciones estándar, para asegurar que un código se ejecute una sola vez:

R_TRIG	Se usa para detectar un borde ascendente, un flanco positivo (señal: 0 **=>** 1).
F_TRIG	Se usa para detectar un borde descendente, un flanco negativo (señal: 1 **=>** 0).

Los bloques de funciones proporcionan un parámetro de entrada **CLK** y un parámetro de salida **Q**, ambos del tipo de datos BOOL.

A continución se muestra un ejemplo (EXAMPLE 1):

```
PROGRAM MAIN
VAR
  B1OneShot: R_TRIG;     //One shot for the B1 sensor input
  B1:         BOOL;      // B1 is the sensor input
END_VAR
```

```
//EXAMPLE 1: One shot is using an instance of R_TRIG (Positive flank)
B1OneShot (CLK := B1);   //Calls the function block

IF B1OneShot.Q = TRUE THEN
  // Run the one shot PLC code here #1          .
  // A program module or a function can be written here
END_IF;
```

El modo de operación es como sigue:

B1 se vuelve **TRUE** cuando se activa el sensor de entrada, y **B1** es el parámetro de entrada para la función **B1OneShot**. Esto provoca que la variable **BOOL** **B1OneShot.Q** sea **TRUE** en el escaneo del programa, donde **B1** se vuelve **TRUE**. En el siguiente escaneo del programa, **B1OneShot.Q** se establece automáticamente como **FALSE** por la función incorporada **R_TRIG**.
El código PLC en la sección #1, se ejecuta por tanto una sola vez.

EJEMPLO 2 es una solución que uno mismo puede hacer, sin usar **R_TRIG**. Aquí el contacto físico es la entrada **B1** y cuando es 1 (activada p. ej., por un contactor/interrruptor o un sensor que cuentan objetos en una banda transportadora) al mismo tiempo que **B1Old** es 0, el código PLC se ejecuta y se marca como **#1**. Cuando el código en **#1** se ejecuta, **B1Old** se establece en 1. En el siguiente escaneo del programa, el código no se ejecuta. Cuando **B1** es nuevamente 0, **B1Old** adopta el valor 0.

A continuación, se muestra un ejemplo:

```
PROGRAM MAIN
VAR
  B1: BOOL;
  B1Old: BOOL;
END_VAR

//EXAMPLE 2: Using own created PLC code
//Detect on rising edge
IF  B1 = 1 AND B1Old = 0 THEN
  B1Old := 1;
  //Insert PLC code here to run only once #1
END_IF

//Reset edge detection
IF B1 = 0 THEN
  B1Old := 0;
END_IF;
```

Es más sencillo copiar el **EJEMPLO 2** que el **EJEMPLO 1** a otro PLC, ya que los diferentes tipos de PLC, tienen diferentes bloques de función estándar tipo *one shot*.

La ejecución para el **EXAMPLE 2** se muestra en el siguiente diagrama:

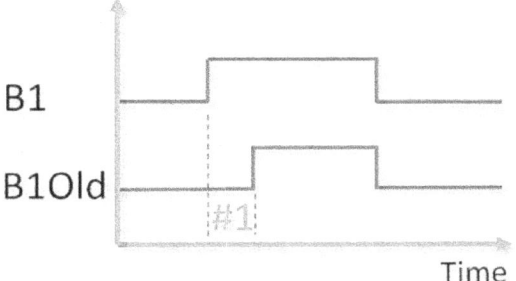

El código PLC **#1** se ejecuta inmediatamente después de un flanco ascendente en **B1**

12.3 Funciones de conteo: CTU, CTD, CTUD

Un PLC proporciona tres bloques de funciones incorporadas:

CTU, puede contar hacia arriba
CTD, puede contar hacia abajo
CTUD, puede contar tanto para arriba, como para abajo

A continuación, se muestra como se usan los bloques de funciones **CTU** en programación ST:

```
PROGRAM MAIN
VAR
    myCTU         : CTU;    // Counter UP function
    S1            : BOOL;   // Activate count
    K1            : BOOL;   // TRUE when count finished
    i             : WORD;   // Only for demo and test
END_VAR
```

```
// Example 1, counter using the CTU function block
myCTU (CU:= S1, PV:= 12, RESET:= myCTU.Q); //Counting to 12, auto reset

IF myCTU.Q THEN //Counter done?
  K1 := TRUE;  //#1
END_IF;

i:= myCTU.CV; //Readout current count value
```

Se crea una variable, **myCTU,** con el tipo de dato **CTU**. Dicha variable es un bloque de función estándar incorporado, la cual puede contar hacia arriba. **CTU** tiene tres parámetros de entrada: **CU** (contador), **RESET** (reinicia el contador a 0 en el flanco positivo) y **PV** (valor máx. de conteo donde 0 se incluye en el conteo). También tiene dos parámetros de salida: **Q** (conteo de la cantidad máx.) y **CV** (valor de conteo presente). **CU** se establece como un valor **BOOL** con **S1**, el cual puede ser un contacto físico, y cada vez que se activa, el contador se establece 1 arriba. Cuando el contador ha contado hasta 12 (contado de 0 a 11), **Q** es **TRUE** y una sentencia **IF** establece **K1** como **TRUE**. **K1** puede ser una lámpara (ver #1).

Para reiniciar el contador de forma automática, una vez que se alcanza el valor máximo y se reinicia, **RESET:= myCTU.Q** se inserta en lo parámetros de la función **myCTU**.

La ventaja del bloque de función **CTU** es el hecho de que incorpora un **R_TRIG** en la entrada del **CU**. La desventaja, es el hecho de que cuenta internamente en una variable **WORD**, y por lo tanto, solo puede contar hasta 65535. Si **CTU** se usa para contar objetos en una máquina, la cual produce un objeto por minuto, se produce un rebasamiento en el contador interno después de algunos días:

60 [partes/hora] => 1440 [partes/día] => 65535/1440 => 45.5 días.

A continuación se muestra una solución que es capaz de contar en una variable **DWORD** (doble **WORD**):

```
PROGRAM MAIN
VAR
    S1_trig: R_TRIG;       // One shot
    S1:      BOOL;         // Activate count
    K1:      BOOL;         // TRUE when count finish
    i:       DWORD := 0;   // Counter
END_VAR
```

```
// Example 2, Counter with DWORD
S1_trig (CLK:= S1);   // Calling R_TRIG

IF S1_trig.Q THEN   //Count up if positive trig signal
  i:= i + 1;
END_IF;

IF i >= 12 THEN   //Counter done? #1)
  K1 := TRUE;      // Set output
  i:= 0;           // Reset counter
END_IF;
```

K1 se vuelve **TRUE** cuando el contador ha contado hasta 12, y al mismo tiempo el contador variable **i** adopta el valor 0.

OBSERVACIÓN: #1) para crear un código PLC más estable usar "**>=**" en lugar de "**=**".

El modo de operación para los ejemplos (**Example** 1 vs **Example** 2) es el mismo, **Example** 2 es, sin embargo, más apropiado:

- Puede contar hasta 4.29 mil millones.
- Es independiente del tipo de PLC.

Un contador puede ser usado para contar partes producidas, las veces que arranca una bomba, o la cantidad de pulsos de instrumentos como p. ej., un medidor de energía o un caudalímetro.

12.4 "llamada" repetido y retardo del temporizador: TON, TOF

En un programa PLC, algunos equipos deben funcionar determinados periodos de tiempo. Un motor debe p. ej., funcionar 30 minutos/hora, la luz en una escalera debe apagarse automáticamente después de cierta hora, o un cronómetro debe ser controlado. Puede ser que una señal de alarma de un sensor de nivel en un tanque, no aparezca hasta después de cierto período, a causa de los movimientos generados por las olas. Un temporizador puede resolver estos problemas:

Existen dos tipos de temporizadores estándar en un PLC:

TON (On-delay timer, TOD-TimerOnDelay, ON delay)   **Conexión retrasada**

Una función de temporizador **TON** establece una variable **BOOL Q** como **TRUE** después de un cierto período de tiempo indicado por **PT**.
Se puede usar, si un componente debe recibir una señal a un cierto período de tiempo para arrancar. Usado para atenuar el ruido en un contacto ON/OFF.
El tiempo en el que **IN** se activa debe ser mayor que **PT**.

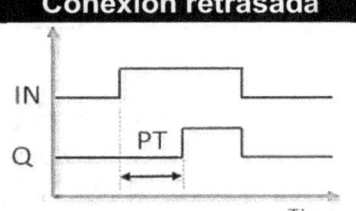

TOF (Off-delay timer, OD Off-Delay, OFF delay)   **Deserción retrasada**

Un bloque de función **TOF** establece una variable **BOOL Q** como **FALSE** después de cierto período de tiempo, indicado por **PT**.
Se puede usar para una luz en una escalera o ventilación en un inodoro, donde el sistema debe estar encendido un período de tiempo, después de que se haya activado un contacto **IN**.

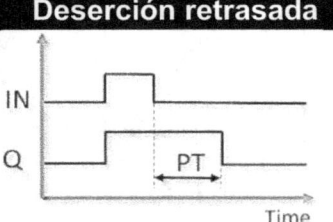

Un temporizador es un bloque de funciones incorporadas, el cual proporciona parámetros de entrada (**IN** y **PT**) y dos parámetros de salida (**Q** y **ET**). El flanco positivo en **IN** inicia el temporizador y en **PT** se indica el período de tiempo. **Q** es la señal de salida y **ET** muestra el tiempo actual.

A continuación se muestra un temporizador, el cual se encuentra activo durante 100 milisegundos, después de que **S1** adopte el valor **FALSE**.

```
VAR
   S1TimerTOF : TOF;    //Create timer
   S1 : BOOL;  //Switch
END_VAR

S1TimerTOF (IN:= S1, PT:= T#100ms);
IF S1TimerTOF.Q = TRUE THEN
   //Code here will be active in 100 [ms] after S1 = FALSE
END_IF;
```

El Ejemplo 2, mostrado a continuación, indica como un temporizador puede ser implementado incluyendo un reinicio automático. El temporizador se activa durante 10 segundos y se reinicia automáticamente.

```
PROGRAM MAIN
VAR
   MyTimer:        TON;             //Create timer
   TimerCurrent: TIME;              //Only used for readout
END_VAR
```

```
//Example 2, timer automatic restart
Mytimer(IN:= NOT Mytimer.Q, PT := T#10S);  //Start or restart timer.

IF Mytimer.Q = TRUE THEN
    //Write code here to be called each 10 sec
END_IF;

TimerCurrent := MyTimer.ET; //Only for readout
```

El modo de operación es como sigue:

Se crean dos variables:

MyTimer: el tipo de dato es un bloque de función **TON**, el cual debe usarse, porque el temporizador siempre tiene que recordar cuanto tiempo ha estado activado.
TimerCurrent: Usado solamente para hacer posible leer el valor actual del temporizador. Una herramienta eficiente para que todo funcione.

El valor actual en el temporizador se lee en la última línea en el código PLC y se lee copiando el valor indicado en **MyTimer.ET**, en **TimerCurrent**, el cual se crea con el tipo de dato **TIME**, porque es del mismo tipo de dato que **MyTimer.ET**.

Cuando el temporizador está activo, **MyTimer.Q** = **FALSE** y si el temporizador ha expirado, **MyTimer.Q** = **TRUE**, y el temporizador se detiene. El temporizador se reinicia automáticamente, porque **IN** es el valor invertido de **MyTimer.Q** (**NO** usar antes de **MyTimer.Q**).

El parámetro **PT** establece el retraso, donde se indica el tiempo por **T#** y un dígito (aquí 10) seguido por la unidad-SI (s = segundos, ms = milisegundos, h = horas).

Temporizador como una tarea

Otra posibilidad de implementar un temporizador de 10 segundos, es crear una tarea-PLC (*PLC-task*), la cual es p. ej., "llamada" cada segundo. En el módulo del programa, cuando la tarea está "llamando", se crea un contador y se establece en cero cuando se alcanza 10. Si el tiempo de escaneo del PLC es 10 [ms] cuenta a (10 [s] / 0.010 [tareas/s]) = 1000, antes de que 10 segundos hayan transcurrido.

13 Funciones especiales y estructuras

Este capítulo describe un rango de funciones especiales y estructuras usadas a menudo.

13.1 Estructura de fila simple (*queue*)

Este ejemplo describe la implementación más simple de un *queue*. Un *queue* se usa cuando p. ej., hay muchos paquetes en una cinta transportadora, esperando a ser procesados por una máquina en una gran planta. Los paquetes requieren a menudo de información como p. ej., peso, receptor, tamaño o contenido. Un peso da información a cerca de un paquete y la información debe ser guardada en un *queue*, de tal forma que la información pueda seguir al paquete a través de la planta. Si el paquete tiene un código de barras legible, no es necesario implementar un *queue*, ya que la información acerca del paquete, puede ser proporcionada por base de datos común, p. ej., el sistema de control de producción de la compañía a menudo llamado Manufacturing Execution System (MES) o Manufacturing Information System (MIS).

Cuando se implementa un *queue*, se requiere que los objetos no cambien la secuencia en dicho *queue*. Si los paquetes incorporan p. ej., un código de barras o cualquier tipo de ID, los paquetes pueden cambiar la secuencia en el *queue*.

Un **ARRAY** debe usarse y ser creado con la longitud máxima, la cual es predecida por el *queue*. El **ARRAY** no debe crearse demasiado grande, ya que usa demasiada memoria y toma un mayo tiempo para ser ejecutado en el PLC.

Para hacerlo sencillo, en el siguiente ejemplo se muestra el código de un **ARRAY** con 6 posiciones del tipo de dato **INT**. En primer lugar, todas la posiciones del **ARRAY** se inician a -1, ya que -1 se puede usar para verificar si la posición está vacía.

```
PROGRAM MAIN
VAR
    Que: ARRAY[QueMin..QueMax] OF INT;
    n: INT; //Counter to FOR loop
END_VAR
VAR CONSTANT
    QueMax: INT := 5;
    QueMin: INT := 0;
END_VAR

FOR n:= QueMin TO QueMax DO
    Que[n]:= -1; //Init ARRAY
END_FOR;
```

El número anterior de **ARRAY** muestra el no. de posición:

0	1	2	3	4	5
-1	-1	-1	-1	-1	-1

El **ARRAY** se rellena a continuación con tres valores (23, 35, 71). El **ARRAY** se rellena de izda. a dcha., de modo que el primer valor insertado (23), se coloca en el extremo izdo. El último valor insertado (71), se coloca hacia el lado derecho en la posición 2:

0	1	2	3	4	5
23	35	71	-1	-1	-1

La inserción de valores en el *queue*, se puede llevar a cabo con el siguiente código PLC, donde el **ARRAY** se denomina **Que:**

```
Que [0] := 23;
Que [1] := 35;
Que [2] := 71;
```

El valor 23, es el más antiguo en el *queue*, y el que se extrae en primer lugar. Para mantener el control en el *queue*, la forma más simple de hacerlo es asegurarse que el valor más antiguo esté siempre colocado en la posición 0.

Cuando el valor más antiguo se extrae, todos los valores se mueven una posición hacia la izquierda. El siguiente valor a extraer, es por lo tanto 35.

Un bucle **FOR** se usa para mover todos los valores a la izda. Los valores deben moverse siempre a la izda, con el fin de no sobreescribir los valores que ya existen en el *queue*. El bucle **FOR** debe ejecutarse una vez menos que la cantidad máxima en **ARRAY**, como se muestra en el siguiente ejemplo:

> **FOR** n:= 0 **TO** 5 - 1 **DO**
>   Que [n]:= Que [n + 1];
> **END_FOR**;

Como se puede ver, **ARRAY** proporciona 6 posiciones y se copia 5 veces. El bucle **FOR** se ejecuta por tanto 5 veces y se puede ilustrar como sigue:

> **1. Program run : Que [0]:= Que [0 + 1]**
> **2. Program run : Que [1]:= Que [1 + 1]**
> **3. Program run : Que [2]:= Que [2 + 1]**
> **4. Program run : Que [3]:= Que [3 + 1]**
> **5. Program run : Que [4]:= Que [4 + 1]**

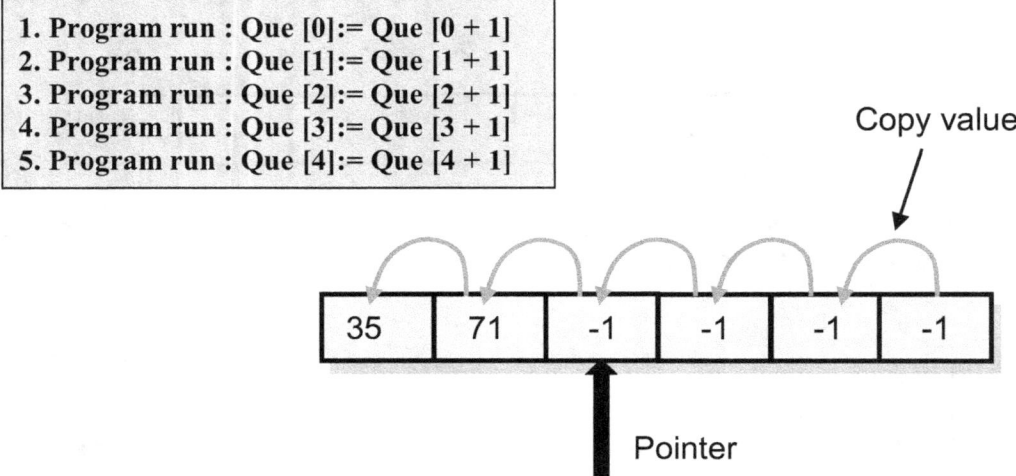

Para llevar el control de la posición en la cual se debe insertar el siguiente valor, se debe usar una variable llamada *index*/índice o *pointer*/puntero. Dicha función comienza apuntando a la posición cero, ya que el *queue* está vacío. Cada vez que un nuevo valor se inserta en el *queue*, el *pointer* se mueve una posición a la dcha., y si un valor se extrae del *queue*, el *pointer* se mueve una posición hacia la izda.

La desventaja de este *queue* "simple" es que requiere demasiado tiempo para ejecutar todo el *queue*, ya que tiene que "empujar" los valores hacia adelante cada vez que se extrae un valor. Para resolver el problema, se utiliza un *buffer* circular o un *buffer* de anillo, combinado con el uso de *pointers*, en lugar de mover los datos cada vez que se inserta o se extrae un valor.

Un *queue* se denomina a menudo FIFO: First In First Out (primero en entrar, primero en salir). El valor que se inserta como el primer valor, tiene que salir primero. Esto se describe en la siguiente sección.

13.2 FIFO - First In First Out

La sección anterior describía la implementación de un *queue* simple, en donde todas las posiciones se movían cada vez que un valor se extraía del *queue*. Este capítulo describe un *queue*, en donde los valores NO SE MUEVEN, cuando un valor se extrae. Esto hace el código PLC más efectivo.

Un **FIFO** efectivo consiste en un *array* y dos *pointers*, apuntando a una posición en el *array*, como se muestra en la siguiente ilustración:

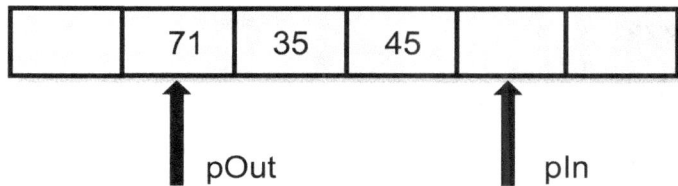

El *pointer* **pOut** está apuntando al valor que debe salir primero del *queue*, y el *pointer* **pIn** esta apuntando a la siguiente posición libre en el *queue*. Cada vez que un valor se extrae del *queue*, el *pointer* **pOut** se mueve una posición a la dcha. Cada vez que un nuevo valor se inserta, donde el *pointer* **pIn** está apuntando, el *pointer* **pOut** se mueve una posición a la dcha. Cuando un *pointer* llega al final del *array*, tiene que ser desplazado al inicio del *array*.

Un **FIFO** es llamado también un buffer circular.

Los diferentes tipos de PLC ofrecen frecuentemente un **FIFO** en sus librerías de software. Aunque se recomienda su uso, a menudo no es posible ajustarlo (suele estar bloqueado mediante contraseña del fabricante). Además, el hecho de usar el código FIFO incorporado, limita las posibilidades de transferir el programa a otro tipo de PLC. Las siguientes páginas muestran la implementación de un FIFO. Este ejemplo de código puede usarse con fines léctivos, y también puede ajustarse para uso propio.

Controles PLC con Texto Estructurado (ST)

```
FUNCTION_BLOCK FIFO
VAR_INPUT
    // Insert data into buffer
    DataIn : REAL;
    // 0 : Do nothing, 1 : Insert data, 2 : Take of data
    INOutStatus : INT;
END_VAR
VAR_OUTPUT
    // Take out data from the buffer
    DataOut : REAL;
END_VAR
VAR CONSTANT
    // Max fixed size of the buffer
    BufferMax : INT := 5;
    // Min fixed size of the buffer
    BufferMin: INT := 1;
END_VAR
VAR
 // Current no of data points (elements)
 NoOfDataPoints : INT := 0;
// Array having all elements
Buffer: ARRAY[BufferMin..BufferMax] OF REAL;
//Pointer to first element
 pIn : INT := 1;
//Pointer to last element
 pOut : INT := 1;
END_VAR
```

Para hacer el código PLC transparente, al bloque de funciones se le ha agregado una variable de control, llamada **INOutStatus**. Esta variable puede tener 3 configuraciones de estado: si la variable es 0, no se hace nada en el bloque de funciones. Si la variable es 1, el valor, que existe en **DataIn**, debe ser insertado en el *queue*. Si **INOutStatus** es 2, un valor debe extraerse del *queue* y colocarse en la variable **DataOut**.

Dos variables **BOOL** podrían haber sido usadas en lugar de **InOutStatus**, ya que un **BOOL** puede ser más sencillo de usar en un programa *LADDER Diagram*.

```
////////////////////////////////////////////////////////////////////////////////
// FIFO - First In First out
// Can handle up to BufferMax REAL data points
// If more REAL data points entered, the old one will be overwritten
////////////////////////////////////////////////////////////////////////////////

//Insert data into buffer
IF INOutStatus = 1 THEN
  IF pIn <= BufferMax THEN
    Buffer[pIn] := DataIn; //Insert
    //Increase number of data points
    IF NoOfDataPoints < BufferMax THEN
      NoOfDataPoints:= NoOfDataPoints + 1;
    END_IF
    pIn:= pIn + 1; //Set to next element
  ELSE // buffer full, insert into first element
    pIn:= BufferMin;
    Buffer[pIn] := DataIn;
    //Move pointer to next element
    pIn:= pIn + 1;
  END_IF;
END_IF;

//Take out data of the buffer
IF INOutStatus = 2 THEN
  IF NoOfDataPoints > 0 THEN //There must be data
    Dataout:= Buffer[pOut];
    Buffer[pOut] := 0; //Set to 0 to show that the value is removed
    NoOfDataPoints:= NoOfDataPoints - 1;
    IF pOut < BufferMax THEN
      pOut:= pOut + 1;
    ELSE
      pOut:= BufferMin;
    END_IF;
  END_IF;
END_IF;

//Is buffer full? Last value is overwritten, move pIn pointer
IF NoOfDataPoints >= BufferMax THEN
  pIn := pOut;
END_IF;
```

Controles PLC con Texto Estructurado (ST)

```
PROGRAM MAIN
VAR
    OutData: REAL;
    MyFIFO: FIFO;
END_VAR
```

```
//Insert 71 and 35 into the FIFO
MyFIFO (DataIn:= 71, INOutStatus:= 1);
MyFIFO (DataIn:= 35, INOutStatus:= 1);

//Take out the first inserted value
MyFIFO (INOutStatus := 2 , DataOut => OutData);
//OutData = 71
```

13.3 Generación de números aleatorios (RND, Randomize)

Esta sección muestra cómo unas cuantas líneas del código PLC son capaces de generar números aleatorios. Los números aleatorios pueden usarse para probar un control PLC, en el cual los números son p. ej., el peso o el tamaño de un objeto que debe ser empacado. De esta forma el control PLC puede probarse con un gran número de valores, lo que simula una prueba representativa de un proceso real.

Ocurre a menudo que no se tiene acceso a objetos/valores reales de producción para pobar el control PLC. Por lo tanto, gracias a los valores simulados con un generador, como se muestra a continuación, es posible testear la mayor cantidad posible de codificación PLC, antes de la puesta en marcha con parámetros reales.

Probar el código PLC en las etapas tempranas de desarrollo, aumenta las posibilidades de encontrar fallos de programación y corregirlos. A posteriori, es más difícil encontrarlos.

El código PLC se escribe en una función **FUNCTION_BLOCK** llamada **RND**:

```
FUNCTION_BLOCK RND
VAR_INPUT
  Seed:        INT;  // Start value, a value below ValueMax
  ValueMax: INT; // Max value to be generated
END_VAR
VAR_OUTPUT
  ValueRandom: INT; // The returned randomized value
END_VAR
VAR
  RandomSeed:   DINT := 0;
END_VAR
```

```
// This function is a randomize function
//
// The function generates a different number each time the function is called
// The seed value set the start value and this can be taken from the PLC
// main clock time to ensure different start numbers
//
// Refer to: "The C Programming Language," by Kernighan and Ritchie:
//
// INPUT: Valuemax is the max value ( + / - ) of the range
// INPUT: Seed, start just a number below max
// OUTPUT: ValueRandom a number in the range - ValueMin and ValueMax
IF RandomSeed = 0 THEN //Init
   RandomSeed := Seed;
END_IF
RandomSeed :=  RandomSeed * 1103515245 + 12345;
ValueRandom := DINT_TO_INT((RandomSeed / 65536) MOD (ValueMax + 1));
```

El bloque de funciones **RND** se usa como sigue:

```
PROGRAM MAIN
VAR
  MyRND:   RND;
  NewValue: INT;
END_VAR
```

```
MyRND (Seed:=5, ValueMax:=10, ValueRandom => NewValue);
```

Como se muestra en el ejemplo anterior, la variable **MyRND** se crea en el programa **MAIN** con el tipo de dato **RND**, y una variable **NewValue** se crea para contener el número aleatorio.

Con los valores anteriores, **NewValue** se convertirá en un número entre -10 y 10 después de cada ejecución del programa. Cuando todos los números entre -10 y 10 han sido "extraídos", todo se repite desde el inicio otra vez. Observar que los números ocurren en el mismo orden, y la distribución matemática se realiza de manera uniforme en todo el intervalo de -10 a 10. Teniendo el mismo valor de inicio para **Seed**, los números ocurren en la misma secuencia. Para asegurar diferentes valores de inicio, y por tanto asegurar más números aleatorios, podemos aprovechar **Seed**, el cual se encuentra en el reloj incorporado del PLC.

13.4 Filtro digital de paso-bajo (LP-Filter)

Esta sección muestra la implementación de un filtro digital de paso bajo. Este filtro se basa en un filtro-LP de paso bajo, y consiste en una bobina electrónica con conexión en serie a un condensador electrónico (Filtro-RC). Este filtro deja pasar las frecuencias bajas y elimina las altas, lo cual resulta adecuado para eliminar señales de ruido.

Las tarjetas de entrada analógica, incorporan normalmente un filtro LP, de modo que es posible filtrar el ruido y las desviaciones no deseadas de los sensores y equipos de medición. Sin embargo, normalmente no es posible modificar *online* la frecuencia del filtro o en una tarjeta de entrada analógica por uno mismo. En algunos casos, resulta necesario realizar *online* una modificación de la frecuencia.

El ejemplo mostrado a continuación es un filtro digital de 1er orden, el cual es también llamado un filtro exponencial.

Una transformación de Fourier (matemáticas avanzadas) se usa para transferir un filtro analógico a un filtro digital.

Existen muchos tipos diferentes de filtros para procesar señales digitales (*Digital Signal Processing* - DSP) y entre los más conocidos se encuentra un FIR (*Finite Impulse Response*). La ventaja de usar un filtro digital en lugar de un promedio de datos, como p. ej., una "media móvil"; es que esta incluye todos los valores y usa un **ARRAY** de gran tamaño. Un filtro digital elimina los valores externos, y permite al PLC trabajar de un modo más rápido.

Se requiere una **FUNCTION_BLOCK**, ya que el filtro debe usar un valor del escaneo del programa anterior, y este valor se guarda en **ValueOld**.

```
FUNCTION_BLOCK LP_Filter
VAR_INPUT
    ValueRaw :      REAL; // Input value
END_VAR
VAR_OUTPUT
    ValueFiltered : REAL; // The filtered output value
END_VAR
VAR
    k :             REAL; // Filter constant
    ValueOld :      REAL; //Value from last scan
END_VAR
```

```
//////////////////////////////////////////////////////////////////////
//First order lag filter (LP-Filter)
//////////////////////////////////////////////////////////////////////
//Versionslog
//19.10.2020 TOAN, Created

k := 0.01; //Filter constant value

ValueFiltered := k * ValueRaw + (1 - k ) * ValueOld;

ValueOld:= ValueFiltered;
```

La frecuencia del filtro se modifica ajustando la constante k del filtro:

k > 0.01	El filtro es rápido y no elimina demasiada señal.
k = 1	El filtro no está trabajando (filtro apagado).
k < 0.01	Demasiada señal es filtrada (*cutoff*), y la señal tarda mucho tiempo en llegar al nivel de señal correcto.

El tiempo de muestreo viene representado por el tiempo de escaneo del PLC. En la práctica, k debe ajustarse, para que la señal reciba la curva deseada.

La siguiente sección muestra un ejemplo de código PLC.

13.5 Señales de simulación

Esta sección describe señales de simulación, las cuales pueden usarse durante el desarrollo de programas y pruebas posteriores. Cuando se escribe el código PLC, y se prueba posteriormente, la máquina o el hardware de control no suelen estar disponibles. Es probable que el hardware no haya llegado, la máquina no está completamente construida, o el equipo ya se haya enviado al cliente. Por lo tanto, puede resultar ventajoso poder simular señales del "sensor" en entradas digitales o analógicas y ver si el programa del PLC funciona como se espera.

A continuación, se muestran cuatro sugerencias de señales de simulación, que se ajustan fácilmente en frecuencia y amplitud.

```
MySignalCurve:= TriangleCurve + SinusCurve;
```

Las señales se pueden conectar para crear nuevas señales de simulación:

CURVA SINUS (SINUS CURVE)

```
//This code generates a sinus curve
i:= i + 1; //Count to get a new value
IF i > 25 THEN
   i:= 1;
   n:= n + 1;
END_IF
SinusCurve := SIN (n * 0.1); //0.1 to set Hz
```

SQUARE WAVE / RECTANGLE CURVE

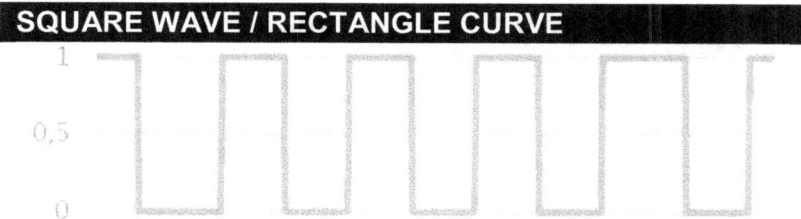

```
//This is an ON/OFF signal generator (square wave)
i:= i + 1;
rr := SIN(i);              //Used to generate a wave signal
IF rr > 0 THEN
   n:= 1;                  //Set square to 1 if positive
ELSE
   n:= 0;
END_IF;
SquareCurve:= n;
```

SQUARE WAVE / RECTANGLE CURVE (FILTERED)

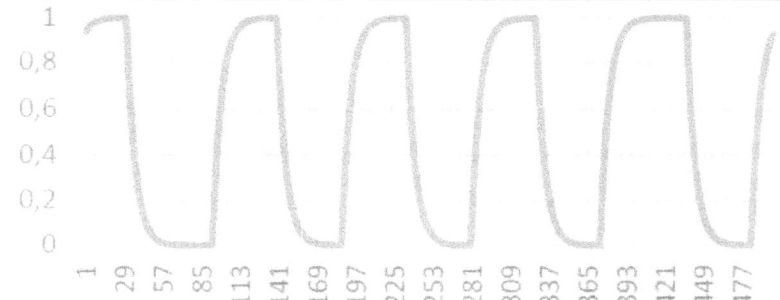

Esta señal es una curva cuadrada/rectangular con filtro.

Un filtro digital de paso bajo (sección 13.4, página 100) se usa en señales de curva cuadradas/rectangulares.

```
Filter (  ValueRaw:= SquareCurve,
          ValueFiltered => Filtered);
```

```
//This code generate a triangle curve
MyTimer(IN := NOT  MyTimer.Q, PT := T#10S); //Auto reset

//Timer end, go to zero
IF MyTimer.Q = TRUE THEN
  TriangleValue := 0;
END_IF;

//Add more and more to the curve (1.1321 is setting the slope)
TriangleCurve:= TriangleCurve + 1.1321;
```

Señal de ruido

Es posible añadir ruido o desviaciones de la señal a las señales de simulación usando un generador aleatorio, el cual agrega el valor de ruido generado a la señal (ver sección 13.3, página 98).

```
MySignalCurve:= TriangleCurve + SinusCurve + NoiseSignal;
```

Gráfica de datos

Las gráficas mostradas se trazan en Excel. En primer lugar, se guardan los valores como archivos de registro ASCII (CSV *files*) en el disco duro mediante un *soft* PLC. En el último paso, los archivos se cargan y se trazan en Excel.

13.6 Cálculo del volumen del tanque, cilindro en hemisferio

Esta sección muestra una implementación de un cálculo de volumen para un tanque grande de almacenamiento.

El tanque consiste en un cilindro junto con un hemisferio en el fondo.

Las fórmulas para calcular el volumen se encuentran en internet.

Se crea una **FUNCTION** donde el tamaño del tanque se coloca como valor de entrada, de modo que el código PLC se puede reutilizar para otros tamaños de tanque. La altura del líquido es un parámetro de entrada para la función, y el resultado es el volumen a calcular. La altura del líquido se mide mediante un sensor analógico, el cual puede ser un sensor de presión en el fondo del tanque, o un sensor en la parte superior que mide la altura desde arriba hacia abajo. El contenido del tanque es normalmente el factor determinante para determinar que tipo de sensor se va a utilizar. En este ejemplo, el nivel es medido desde el fondo del tanque hasta la altura del líquido.

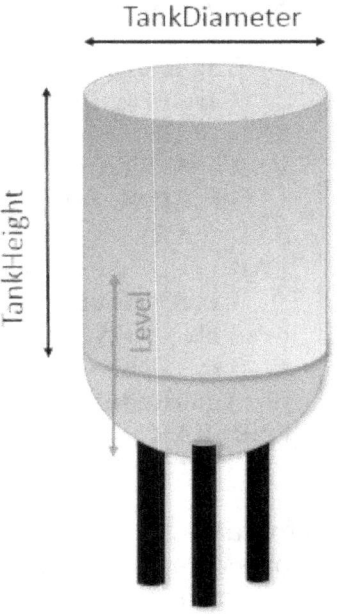

La forma de operar en este tanque, consiste en asegurar que la medición sea exitosa. En primer lugar, el líquido se vierte en el hemisferio. Una vez que este se ha llenado, el líquido se vierte en el cilindro. Las mediciones deben ser revisadas por un programa de cálculo de llenado de tanques descargado de internet. La función se elige sin unidades para lograr una solución más flexible, la cual se pueda reutilizar, lo que implica que todas las unidades deben ser iguales. Las unidades pueden ser medidas en metros, pies, centímetros o milímetros. El volumen se vuelve cúbico: m^3, pies^3, cm^3 o mm^3.
A continuación, los cálculos del hemisferio y del cilindro debe funcionar, y toda la solución debe conectarse finalmente, de modo que se pueda realizar una prueba total. Se recomienda documentar la prueba para recordar/demostrar que la función ha sido probada. Para que la prueba sea representativa, se debe seleccionar un rango de puntos de prueba, los cuales deben colocarse fuera del rango de medición del tanque. También deben colocarse en diferentes niveles en el tanque y cerca de las interfaces, donde se unen el cilindro y el hemisferio.

Una vez que hemos desarrollado el código, el volumen se calcula en diferentes niveles. Puede hacerse con una calculadora o con una de las muchas páginas en línea en Internet para el cálculo de volumenes en tanques. A continuación, se prueba la función que incluye los diferentes niveles y el resultado se compara con los resultados esperados.

A continuación se muestra una sugerencia para el código PLC:

```
FUNCTION TankVolumenCal: REAL
 VAR_INPUT
    TankDiameter:     REAL;  // Fixed tank diameter
    TankHeight:       REAL;  // Fixed tank height of cylinder
    LevelFromButtom:  REAL;  // Current level measured
 END_VAR
 VAR CONSTANT
    PI: REAL:= 3.1415;
 END_VAR
 VAR
    Level: REAL;       // Internal calculation
    Vol:   REAL:= 0;   // Internal calculation
    Lr:    REAL;       // Level radius in circle
    TankRadius: REAL;
 END_VAR
```

El programa se divide en diferentes secciones bien definidas, como se muestra en la página siguiente. En las 2 primeras líneas, se inicializan las variables internas. A continuación, aparecen las secciones de cálculo, donde cada sección proporciona una línea de comentarios para obtener información. Finalmente, se establece el valor de retorno para la función.

El programa de "llamada" para la función podría ser el siguiente:

```
Vol1:= TankVolumenCal (TankDiameter:= 2,
                      TankHeight:= 6,
                      LevelFromButtom:= LevelSensor);
```

También podría llamarse como se muestra a continuación, ya que es una **FUNCTION**:

```
//Because TankVolumen is a FUCNTION, the 'call' can also be written as:
Vol2:= TankVolumenCal (2, 6, LevelSensor);
```

Donde **LevelSensor** es la medida actual del tanque.
Todos los valores deben tener las mismas unidades (m, mm, cm, pies).

```
////////////////////////////////////////////////////////////////////////////////
//  Tank volumen calculator - Cylinder with a hemisphere
////////////////////////////////////////////////////////////////////////////////
Level := LevelFromButtom;
TankRadius := TankDiameter/2;

//Check level low - level cannot be negative
IF Level < 0 THEN
  Level:= 0;
END_IF;

//Check level high - tank cannot be overfilled
IF Level > (TankRadius + TankHeight) THEN
  Level:= TankRadius + TankHeight;
END_IF

//Hemisphere
IF Level <= TankRadius THEN
  Lr:= SQRT(Level * (TankDiameter - Level));
  Vol:= (PI/6)*level*(3*Lr*Lr+ Level*Level);
ELSE
  //Hemisphere
  Vol:= 2.0/3.0*PI * TankRadius * TankRadius * TankRadius;
END_IF;

//Something in the cylinder
IF Level > TankRadius THEN
   Vol:= Vol + (Level - TankRadius) * PI * TankRadius * TankRadius;
END_IF;

 //Set return value
TankVolumenCal:= Vol;
```

14 De LADDER a programación-ST

Este capítulo contiene una serie de ejemplos, que comparan la programación LADDER *Diagram* con la programación correspondiente en ST.

Este capítulo está enfocado por una parte a ayudar a los lectores que entienden bien la programación LADDER *Diagram*, y por otra, a asistir en aquellos casos en los que un programa LADDER *Diagram* deba traducirse a ST. No existen herramientas de conversión para convertir un programa LADDER *Diagram* en un programa ST, motivo por el cual se muestran los siguientes ejemplos:

Ejemplo 1:

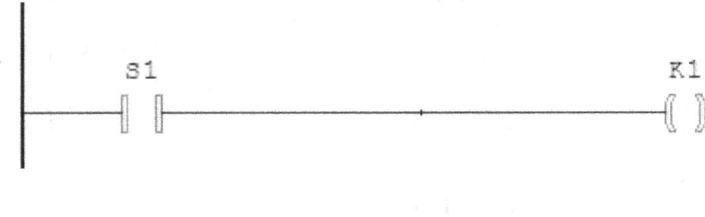

```
//Solution 1A
K1:= S1;

//Solution 1B
IF S1 = TRUE THEN
   K1:= TRUE;
ELSE
   K1:= FALSE;
END_IF;
```

Ejemplo 2:

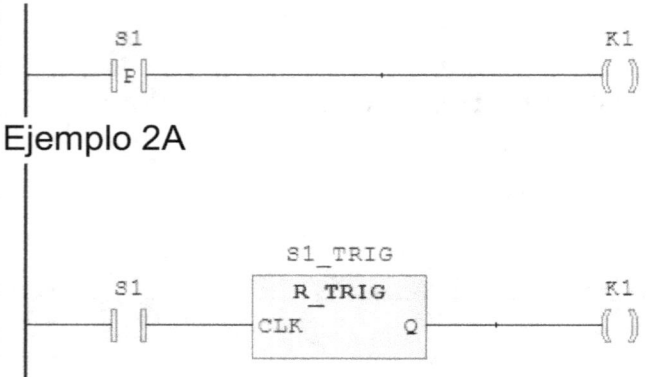

Ejemplo 2A

```
//Solution 2
VAR
   S1_TRIG: R_TRIG;
END_VAR

S1_TRIG (CLK:= S1);
IF S1_TRIG.Q = TRUE THEN
   K1:= TRUE;
ELSE
   K1:= FALSE;
END_IF;
```

Ejemplo 3:

[Ladder diagram: S1 and S3 in series, with S2 in parallel with S1, output K1]

```
//Solution 3A
K1:= (S1 OR S2) AND S3;

//Solution 3B
IF ((S1 = TRUE OR S2 = TRUE) AND S3 = TRUE) THEN
   K1:= TRUE;
ELSE
   K1:= FALSE;
END_IF;
```

Ejemplo 4:

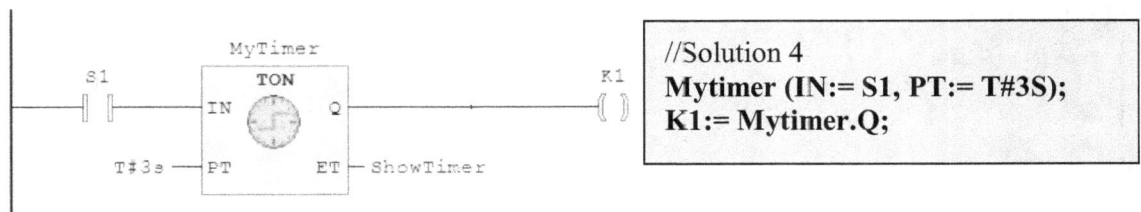

```
//Solution 4
Mytimer (IN:= S1, PT:= T#3S);
K1:= Mytimer.Q;
```

Ejemplo 5:

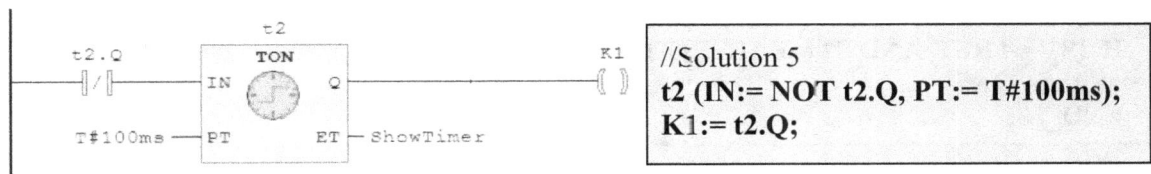

```
//Solution 5
t2 (IN:= NOT t2.Q, PT:= T#100ms);
K1:= t2.Q;
```

Ejemplo 6:

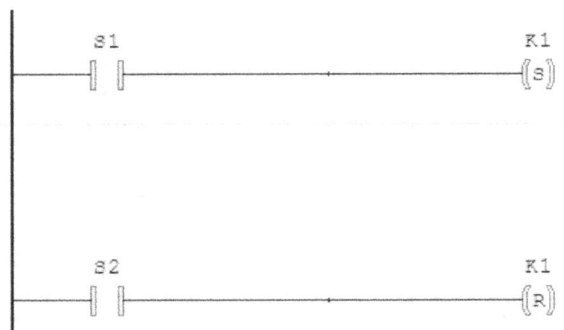

```
//Solution 6
IF S1 = TRUE THEN
   K1:= TRUE;
END_IF;

IF S2 = TRUE THEN
   K1:= FALSE;
END_IF;
```

Ejemplo 7:

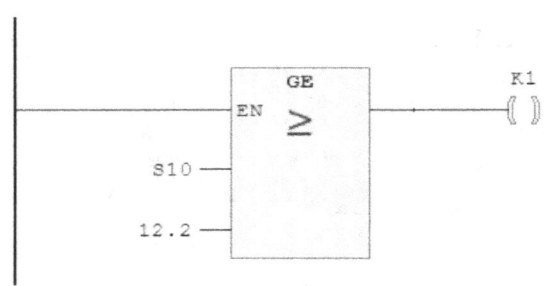

```
//Solution 7A
K1:= S10 >= 12.2;

//Solution 7B
IF S10 >= 12.2 THEN
   K1:= TRUE;
ELSE
   K1:= FALSE;
END_IF;
```

Ejemplo 8:

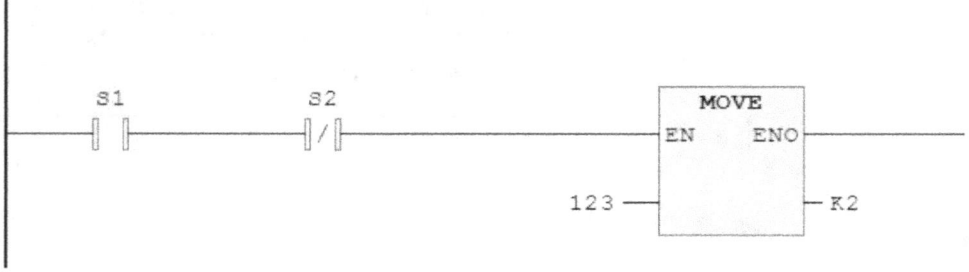

```
//Solution 8A
IF (S1 = TRUE AND S2 = FALSE) THEN
   K2:= 123;
END_IF;
```

```
//Solution 8B
IF S1 AND NOT S2 THEN
   K2:= 123;
END_IF;
```

Ejemplo 9:

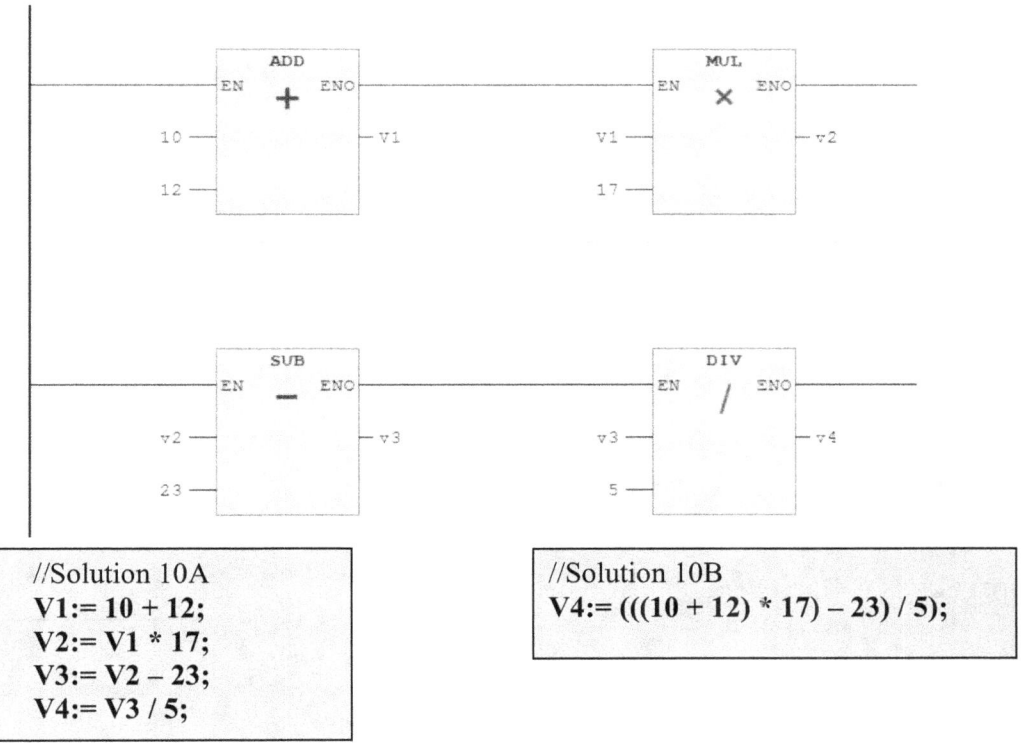

```
//Solution 9
MyCounter (CU:= S1, RESET:= S2, PV:= 5);
K1:= MyCounter.Q;
```

Ejemplo 10:

```
//Solution 10A
V1:= 10 + 12;
V2:= V1 * 17;
V3:= V2 – 23;
V4:= V3 / 5;
```

```
//Solution 10B
V4:= (((10 + 12) * 17) – 23) / 5);
```

Ejemplo 11:

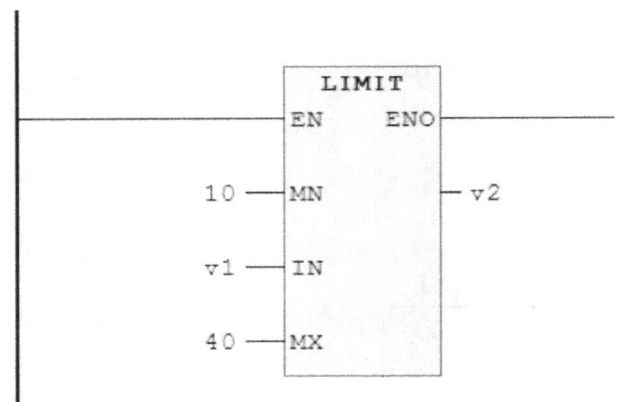

```
//Solution 11
v2:= v1;
IF v2 < 10 THEN
   v2:= 10;
END_IF;

IF v2 > 40 THEN
   v2:= 40;
END_IF;
```

Ejemplo 12:

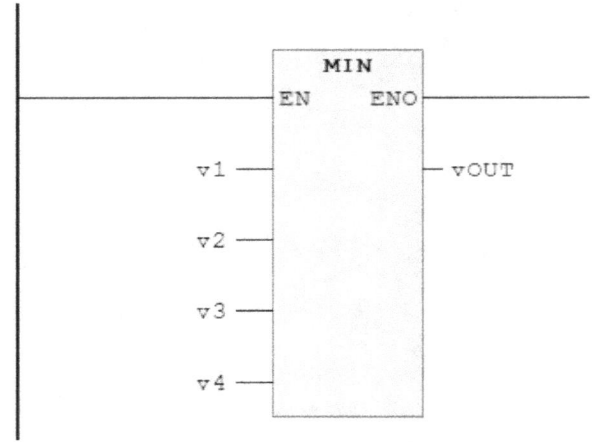

```
//Solution 12
vOUT:= v1;

IF vOUT > v2 THEN
  vOUT:= v2;
END_IF;

IF vOUT > v3 THEN
  vOUT:= v3;
END_IF;

IF vOUT > v4 THEN
  vOUT:= v4;
END_IF;
```

Ejemplo 13:

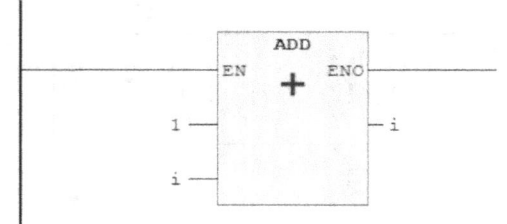

```
//Solution 13
i:= i + 1;
```

15 Método óptimo de programación-ST

A pesar de que los programas en lenguaje ST hacen posible que cada programador pueda usar sus propios tipógrafos (sintáxis), se recomienda seguir un código de buenas prácticas a la hora de programar, con el fin de aumentar la legibilidad del programa. Las tipografías en mayúsculas y minúsculas junto con la tabulación/espacio, pueden mejorar la legibilidad del programa. Es importante escribir el programa con una configuración uniforme, para que otros lectores/programadores puedan leerlo fácilmente.

A continuación se muestra un resumen de las recomendaciones.

15.1 Indentación y ESPACIO

La tabulación suele ser relevante cuando se utilizan las sentencias **IF**, **CASE** y los bucles **FOR**. La mejor solución es utilizar 2 x <SPACE> para la tabulación, ya que <TAB> depende de la configuración en la herramienta de desarrollo del PLC y la configuración de Windows. Si el código del PLC debe copiarse posteriormente en otro PLC, la mejor solución es 2 x <SPACE>.

La tabulación aumenta la legibilidad del código PLC. Por otro lado, el código del PLC puede ser difícil de leer sin tabulación o haciendo un mal uso de esta. En consecuencia, la recomendación es usar la misma tabulación en todo el programa.

<SPACE> no tiene ninguna función en la programación ST; sin embargo, crear un <SPACE> entre comandos, variables, declaraciones, corchetes y valores, aumenta la legibilidad del código. Se recomienda no crear <SPACE> antes del punto y coma.

15.2 Líneas vacías insertadas en el código

Tiene sentido insertar líneas vacías en el código del PLC para separar y diferenciar las piezas de código en partes/secciones adecuadas.

Sin embargo, se recomienda dejar un máximo de dos líneas vacías entre las distintas partes/secciones de un código PLC.

15.3 Evitar el código *spaguetti*

El código *spaghetti* es una designación para un código PLC que posee una estructura compleja y complicada, el cual se genera cuando se asignan nombres poco claros a variables y funciones: incorpora demasiados **GOTOs, JMPs, EXITs** u otras implementaciones no estructuradas.

Sólo se recomienda usar las sentencias **GOTO** y **JMP** en situaciones muy especiales (p. ej., para la búsqueda de errores, prueba y depuración). **EXIT** puede ser útil cuando se lleva a cabo una búsqueda de errores en un código PLC. También se permite usar **EXIT** en los FOR-loop, si no es necesario ejecutar todo el bucle. Sin embargo, se debe tener cuidado al finalizar el código PLC, ya que hay que eliminar los **EXIT** que ya no se utilizan, debido a que un uso inadecuado de **EXIT** (salir) puede causar un código *spaguetti*. Se recomienda por tanto evitar el comando **EXIT** en la medida de lo posible, y usar en su lugar otras declaraciones condicionales como **IF** y **CASE**. Para la implementación de **EXIT** en un bucle **EXIT** ver la sección 9.4, página 62.

15.4 Uso de funciones y módulos de programa

La forma más básica de contruir una estructura manejable, es usando módulos de programa y funciones. Dividiendo un programa de gran tamaño en programas más pequeños, cada uno con una tarea específica, es posible crear un pequeño programa principal (MAIN), "llamando" subprogramas (módulos de programa) cuando se les necesite.

Las funciones y los bloques de funciones resultan efectivos, ya que el código del PLC se puede reutilizar fácilmente. A la hora de efectuar correcciones, sólo hay que hacerlas en una parte del código.

También se recomienda dar a las funciones y a los módulos un nombre indicativo, para que sean fáciles de reconocer.

Como norma general, si la función o un programa incluyen más de 20 variables locales, esto nos da una indicación de que el código del PLC se debe dividir en más funciones o módulos de programa.

15.5 Uso de variables

Con cierta frecuencia, se debe decidir si se deben utilizar variables locales o globales. El uso de variables globales es práctico, ya que solo deben declararse una vez en una lista de variables/TAGS comunes. Sin embargo, esto crea una estructura de programa incorrecta, porque todas las funciones y módulos de programa tienen acceso a las variables.
A ser posible, se recomienda usar variables locales, y eliminar las que ya no se van a usar. Se trata de reducir al máximo el número de variables, y usar aquellas que tienen un nombre representativo.
Es recomendable utilizar un **STRUCT** para recopilar las variables en un objeto.
Se recomienda crear un **ARRAY** con una longitud que se ajuste a las necesidades.
Si una función o un módulo de programa, incluye más de 20 variables locales, podría ser un indicativo de una estructura defectuosa y el programa debería dividirse aún más.

15.6 Misceláneos

A continuación se indican otros consejos de programación:

- Intercambiar declaraciones complicadas **IF-THEN** con una sentencia **CASE**.
- Evitar estados **ELSIF**.
- Evitar loops infinitos, y consecuentemente **DO-WHILE** no son recomendados.
- No usar más de 3 loops incorporados en **FOR** *loops*
- Cada función/módulo debe incluir un máx. de 20-25 líneas de código, ya que es el máx de líneas que pueden albergar tanto una pantalla de programación como el papel impreso en A4.
- No usar más de 3 arrays tridimensionales (3D **ARRAY**).
- Usar **CONSTANT** si el mismo número constante se usa más de una vez.
- Los módulos de programa o funciones, deben proporcionar un máx. de 20 variables locales.

Conviene evitar crear demasiados elementos **ARRAY** innecesarios. Son fáciles de crear, y desafortunadamente, algunos programadores prefieren crear demasiados elementos de gran tamaño, lo que implica un consumo elevado de recursos del sistema. Se recomienda el uso de corchetes en las fórmulas matemáticas y algoritmos para asegurarse de que la secuencia del cálculo es correcta.

15.7 Código compartido con internet.

Google representa una herramienta útil para los programadores, ya que les permite encontrar códigos en Internet. El mayor problema supone encontrar un código de PLC que sea útil. A veces lleva mucho tiempo encontrar un buen código, ya que pueden incluir errores. La consecuencia de esto es que lo mejor es escribirse uno mismo su propio código. Si se pretende generar beneficios usando material disponible en la red, los derechos de autor (*Copyright*) pueden ser la razón por la cual algunos códigos no pueden usarse,

Otro desafío al encontrar un código en Internet, es el hecho de que los nombres asignados a las variables y la estructura, a menudo no se corresponden con el estándar y con los nombres que hemos elegido en nuestro propio programa. A menudo, los nombres no se corrigen, y en general, se dedica más tiempo a buscar códigos, a hacer correcciones de errores, y a ajustar códigos, en lugar de usar el tiempo para escribir el código uno mismo. Si trabajas por cuenta ajena, debes tener cuidado de no compartir tu código en internet, ya que el código normalmente será propiedad de la empresa y puede considerarse un delito contra la propiedad intelectual.

Con el fin de evitar problemas a posteriori, se recomienda examinar también la política en materia de código de la empresa para la cual trabajas. Los códigos en los que vas a trabajar, van a incorporar comentarios y discusiones con otros programadores sobre códigos PLC obtenidos de diversas fuentes, p. ej. internet, u otros programadores. Puede ir en contra de la "Ley de Empresas y Empleados Asalariados" en Dinamarca y en otros lugares, ya que con tus conocimientos, estás contribuyendo a un rendimiento a terceros, el cual no genera directamente ningún valor para la empresa en la que trabajas.

15.8 OOP - Programación orientada a objetos

Para estructurar mejor el código PLC, se puede utilizar la filosofía de Programación Orientada a Objetos (OOP). Esto significa que las variables y los códigos de PLC, que están relacionados entre sí, se recopilan en un objeto. Variables que son p. ej. para un motor se recopilan en un **STRUCT** (ver sección 4.3, página 19) y las condiciones operativas de un motor se recopilan en **ENUM** (ver sección 4.4, página 21).
Variables y constantes las cuales p. ej., funcionan en el mismo **ARRAY,** pueden tener el mismo primer nombre para indicar su relación, a la hora de trabajar en un objeto, un componente, un instrumento o una tarea específica en ese momento.
Algunos tipos de PLC ofrecen OOP como se describe en la norma IEC 61131-3. Estos tipos de PLC ofrecen **METHOD** (modo de operación como una función), **ACTION** (modo de operación como un módulo de programa) y **PROPIERTY** y **TRANSITION**.

16 Guía de ejercicios de programación

Este capítulo representa una guía que puede ayudar al lector a resolver los ejercicios de programación.

1) Empezar

Lee la tarea en cuestión, y por norma general, leela más de una vez. Es importante resolver exactamente lo que la tarea describe y nada más que eso, ya que a menudo el cliente debe usar la solución y no pagará extra por nada más. Si se pretende resolver más de lo que la tarea requiere, existen más probabiliades de cometer errores, que a menudo desembocaran en un código de peor calidad. Si la tarea no está bien descrita, es importante examinar y dislumbrar cualquier incertidumbre inherente a la propia tarea. El problema a resolver se puede describir en un documento con el fin de crear una visión general de cómo debe funcionar el control. Este documento se denomina descripción de función o descripción de control. Con la elaboración de dicho documento se pretende plasmar la operatoria del programa con el fin de mostrárselo al cliente final.

2) Lista-I/O

Es importante elaborar una lista I/O. Estudia y analiza que tienen que medir los sensores e instrumentos individuales y cómo funcionan. La lista I/O es una herramienta importante durante el desarrollo del control, la puesta en marcha, el mantenimiento continuo, y una posible futura expansión. Es importante que la lista I/O sea correcta en más de un 95% antes de comenzar la programación, ya que los cambios en la lista de I/O tienen ciertas influencias en la programación y la prueba posterior. Asigna nombres representativos y razonables para las variables/TAGS que ya están en la lista I/O, ya que los nombres son comúnes para todo el proyecto y la lista de I/O es parte de la documentación. Si la tarea, diagrama o documento ya consta de nombres representativos y razonables, estos se utilizan para asegurarse de que son identificables.

3) HMI

La mayoría de las soluciones de control contienen un manual del usuario, que consta de HMI (marcos), contactos eléctricos ON/OFF, y lámparas. Dibuja un boceto aproximado a mano alzada en papel, de cómo podrían quedar los marcos. Muestra las sugerencias a los clientes/usuarios o a un colega para obtener comentarios. Corregir las imágenes una vez que están echas, consume mucho tiempo. Por lo tanto, es importante que las figuras estén lo más correctas posible antes de empezar la configuración del HMI.

Se recomienda elaborar una lista de las variables/TAGS que se van a intercambiar entre el HMI y el programa de PLC, ya que una descripción de la interfaz siempre ofrece una buena visión general. Posiblemente no sean las mismas personas que están codificando el HMI y el PLC. Esta es la razón por la cual una lista es una guía perfecta para ambas personas.

4) Diagramas de flujo (*Flowcharts*)

Elabora diagramas de flujo para las partes complejas del programa, para que tengas una mejor idea de cómo debe funcionar el control. Los diagramas de flujo son una buena guía para todo aquel que necesite entender el programa y cómo funciona.

5) Fase de diseño

Antes de iniciar la programación, puede ser conveniente elaborar un borrador de diseño en papel, que contenga los diferentes módulos, funciones y bloques de funciones del programa.

A la hora de elaborar este borrador, se pueden usar diagramas de flujo para describir el proceso entero. La información recogida en este borrador, también determina los nombres de los módulos y funciones del programa que describen brevemente cada módulo y su función. Se necesita cierta experiencia para poder diseñar un programa completo, antes de comenzar la programación. Se recomienda por lo tanto, utilizar el método ascendente, tal y como se describe en la siguiente parte de este capítulo.

6) La programación

Existen 2 posibilidades a la hora de iniciar (implementar) la programación. Se trata de los métodos ascendente y descendente.

El método ascendte se define escribiendo el código del PLC en las partes pequeñas de programación que vayas a utilizar. Empiezas, por así decirlo, escribiendo lo que tienes claro. Si p. ej. el control tiene una lámpara que tiene que parpadear, se escribe una pieza de código PLC, que puede parpadear. Poco a poco se recopila un conjunto de pequeños códigos PLC bien ejecutados: pequeños bloques de construcción. En este proceso, se adquiere mucho conocimiento y a cada paso, se adquiere la sensación de cómo funciona todo el programa.

Finalmente, resulta más sencillo componer todo el programa a partir de partes pequeñas. El HMI proporciona cierta ayuda cuando se usa de forma gradual para probar las partes pequeñas, antes de que pasen a formar parte del programa completo. En caso de que dichas partes no funcionen correctamente, resultará más difícil encontrar un fallo o error del código a posteriori. Las pruebas de programas pequeños, se denominan a menudo pruebas de módulo, y la forma en la que se evalúan se puede documentar de forma ventajosa, p. ej., mediante capturas de pantalla del programa en cuestión, de modo que cualquier usuario/programador puede comprobar el buen funcionamiento del programa.

Podría resultar de ayuda trabajar en dos proyectos (en las herramientas de desarrollo de PLC) al mismo tiempo. Un proyecto se convierte en la solución final, mientras que el otro sirve para realizar pruebas (caja de arena) de diferentes partes de programas pequeños. Las soluciones pequeñas en un proyecto se prueban y cuando la solución funciona bien, se copia y pega dándole una estructura de texto agradable en el proyecto final.

Una herramienta de desarrollo de PLC, ejecutada en un entorno de Windows, puede fallar presentando un error en tiempo de ejecución (o una pantalla azul de muerte), y por lo tanto, es una buena idea guardar el código PLC, cada vez que funcione bien. Si hacemos esto, siempre podemos recuperar la última versión del código que funcionó correctamente, en caso de que se destruya el archivo del proyecto.

Si tiene dudas sobre cómo se pueden implementar pequeños programas individuales, utiliza *Google* para inspirarte. A veces los programadores pasan más tiempo buscando en internet, que programando ellos mismos. No se debe emplear más de 15 minutos en una tarea en la que nos hemos atascado. En ese caso se recomienda buscar ayuda externa (Google, colegas, soporte informático, etc). A menudo, pequeños detalles relativos a la programación son ignorados, o no se encuentran en el manual. Si esto ocurriese, no podrás resolver el problema en cuestión ni en 15, ni en 60 minutos, por lo que se recomienda buscar ayuda.

17 Índice

%
%f5.2; 35
%IX1.0; 28
%QX 0.0; 27
%QX0.0; 28

&
&; 42

*
**; 37

<
<>; 39

=
=>; 71

1
1.1. 1970; 17
16 bits; 16
16#; 17

2
2 dígitos **REAL**; 52

3
3D **ARRAY**; 65

6
64 bits; 16

7
7 dígitos influyentes; 16

A
ABS; 40
Accumulator; 45
ACOS; 41
acumulador (ACC); 47
Adición; 37
Ajuste de la velocidad del motor; 59
Ámbito de la variable; 26
AND; 42; 43
ANSI/ISA-88; 33
Antecedentes para ST; 6
ARRAY; 16; 18; 23; 63; 64; 66; 93
ARRAY bidimensional; 24
ARRAY tridimensional; 24
ASCII; 49; 78; 104
asignación de variables; 44
ASIN; 41
AT; 27
ATAN; 41

B
Binario; 14
binarios en un entero; 51
Bloques de Funciones (FB); 11
BOOL; 42
boolean; 42
BYTE; 79

C
Cálculo del volumen; 105
Cálculos; 47
Cambio de línea; 80
CamelCase; 30
CASE; 55; 58; 61
CHAR; 79
código de programación ST; 8
código spaguetti; 114
comentarios de bloqueo; 12
como enclavamiento del relé; 56
comunicación de datos; 11
CONCAT; 82

conectados en paralelo; 42
conectados en serie; 42
CONSTANT; 27
Constantes; 67
contacto eléctrico; 53
conversión de temperatura; 75
Count + 1; 45
CPU time; 67
CSV files; 104
CTD; 88
CTUD; 88
Cuadrado; 41
CURVA SINUS; 102

D

DATE; 15
DEAD LOCK; 62
DEC; 40
DELETE; 82
Desventajas de la programación ST; 9
Detección de bordes; 86
Diagramas de flujo; 118
Digital Signal Processing; 100
DINT; 14
Dividido entre cero; 45; 46
División; 37
Doble-precisión punto-flotante; 15
DO-WHILE; 115
DS/EN 61131-3; 7; 8
DWORD; 14

E

El logaritmo natural; 41
El redondeo; 52
Eliminar valores de un array; 25
ELSE; 58
ELSIF; 56
en los módulos; 68
enclavamiento del relé; 56
END_STRUCT; 19
END_VAR; 27
Errores decimales de REAL; 48
ESPACIO; 113
Estado de alarma; 19
Estado de Iteración; 62
estado de la máquina; 58
Estructura de queue; 92
EXIT; 63; 114
EXP; 41
Exponenciación de una variable; 41
Exponencial; 37
exponential filter; 100

F

F_TRIG; 86
FALSE; 42
Fase de diseño; 118
FIFO; 95
Filtro digital; 100
Filtro-RC; 100
FIND; 83
Finite Impulse Response; 100
first order lag filter; 101
FirstCycleBit; 85
FirstScanBit; 85
FALSE; 53
FLOAT; 49
FLOOR; 40
Flowcharts; 118
FOR loop; 94
FOR-DO; 62
fórmulas; 43
fórmulas matemáticas; 43
Fourier transformation; 100
FRAC; 40
Función coseno; 41
Función exponencial; 41
Función seno; 41
Función tangente; 41
Funciones (FC); 11
Funciones Bloques de (FB); 11
Funciones de bloqueo (FB); 72
Funciones de conversión; 49
Funciones estándar; 82
FUNCTION; 72; 73
FUNCTION_BLOCK; 73; 98
Funktion (FC); 72
Funktionsblok (FB); 72

G

GOTOs; 114
GRAD; 41
Gráfica de datos; 104

H

hardware; 28
HEX; 14
HMI; 35; 118
Hungarian Notation; 30

I

I/O list; 31; 117
IEC time; 15
IF-THEN-ELSE; 53
Implementation of a function; 73
INC; 40
Insertar un valor sencillo en un ARRAY; 24
INSTERT; 82
INT; 14; 47
INT_TO_BOOL; 50
INT_TO_REAL; 50
INT_TO_TIME; 50
ISBN; 4
ISO 10646; 16

J

JAGGED CURVE; 104
JMPs; 114

L

LADDER Diagram; 6; 108
Las áreas fuera del dominio ARRAY; 25
LEFT; 83
LEN; 83
Lenguajes de textos; 78
línea de los lenguajes; 78
liquid height; 105
Lista-I/O; 117
LN; 41
LOG; 41
LOGIC; 37
Lógica; 43
Loops; 62
Los comentarios de línea; 12
LREAL; 15

M

Masking bit; 51
matemáticas; 43
MATH; 37
mathematical rules; 43
mathematics; 38
METHOD; 116
MID; 83
MOD; 37
modo básico de operación para un PLC; 10
modo STOP; 11
Módulo; 37
módulos del programa; 9; 60; 63; 69
Módulos-IO; 28
Multiplicación; 37

N

NC; 56
NEG; 40
NO; 56
Nombrar las variables; 29
Normally Close; 56
Normally Open; 56
NOT; 42
Numeric Operators; 40
Número de punto flotante; 15
números aleatorios; 98

O

Object-Oriented-Programming; 116
OFF delay; 90
ON delay; 90
Oneshot; 86
OOP; 116
Operadores lógicos; 42
Operadores numéricos; 40
Operadores Relacionales; 39
OR; 42; 43
OSRI; 86

P

Para ejecutar programas; 60
PASCAL; 8
Pascal Case; 30
Passord; 61
PERSISTENT; 27
PI; 36
PLC developing tool; 119
PLC ejecuta un programa; 9
pointers; 95
Progamación Orientada a Objetos; 20
program modules; 114
program-scan time; 69
PROPERTY; 116

Q

queue; 92

R

R_TRIG; 86
RAD; 41
raising to the power of 2; 41
Randomize; 98
Rango idéntico; 23
RC-filter; 100
REAL; 15; 47; 52
REAL_TO_INT; 50
reconocer números; 61
RECTANGLE CURVE; 103
reinicio automático; 91
relational operators; 39
REPLACE; 82
Resta; 37
RETAIN; 27
retardo del temporizador; 90
RIGHT; 83
rising edge; 87
RND; 98
Rounding off; 52

S

S88; 33
scan-time; 9
SECONDS_DAY; 36
Señal de ruido; 104
señales de simulación; 102
sequence control; 58
Siemens (SCL); 5
Signo de dólar; 80
Signos inválidos; 29
siguen el S88; 33
SIN; 41
sintáxis; 113
SINUS curve; 102
SMS; 78
Snake_case; 31
SQR; 41
SQRT; 41
SQUARE WAVE; 103
Stack; 45
state machine 58
static data; 72
stop watch; 90
STRING; 15; 16; 78; 79; 81
STRUCT; 33
Subrange Datatype; 22
Suma; 37
Sustracción; 37

T

T#; 90
Tabla de contenido; 1
Tabulation; 113
TACHO HOURS; 72
TAGS; 29; 31; 115; 117
TAN; 41
Temperature <>; 46
Temporizador como una tarea; 91
tiempo; 35
Time; 35
TIME _OF_DAY; 15
Tipo de datos de sub-rango; 22
Tipo de datos estructurado; 19
Tipos de datos; 14
Tipos de datos de numeración; 21
TOF, TON; 90
TRUE; 42; 53
TRUNC; 40

U

UNICODE; 80
UTC; 50

V

valor de retorno; 105
valor promedio; 66
válvula; 20
válvula abierta y cerrada; 57
VAR; 26
VAR CONSTANT; 96
VAR_EXTERNAL; 26
VAR_GLOBAL; 26
VAR_IN_OUT; 26
VAR_INPUT; 26
VAR_OUTPUT; 26
VAR_TEMP; 26
variable de entrada; 70
variabe de salida; 28
Variable names; 29
variable scope; 26
variables; 117
Variables con unidad; 34
Variables de comunicación de datos; 49
variables globales; 26; 115
Ventajas de la programación ST; 7; 9

W

WCHAR; 16
WORD; 14

X

XOR; 42

www.ingramcontent.com/pod-product-compliance
Lightning Source LLC
Chambersburg PA
CBHW082336220526
45470CB00008B/2531